TABLE OF CONTENTS

Section 1
Multiplication Facts.....................................1

Section 2
Find the Missing Multipliers (Multiplication facts).....12

Section 3
Division facts...26

Section 4
Find the missing division (division facts)...............39

Section 5
Multiplication (2 digits x 1 digits).....................52

Section 6
Multiplication (3 digits X 1 digits).....................65

Section 7
Multiplication (3 digits X 2 digits).....................71

Section 8
Division (3digits / 1 digit)............................85

Section 9
Division (4 digits / 2digits)............................98

Section 10
Solutions to problems 102

I0480725

SECTIOIN

1

Multiplication Facts

10 worksheets
20 problems per sheet

2

Multiply

15 x2	5 x1	3 x2	7 x3	10 x2
5 x2	6 x5	9 x2	8 x9	1 x2
15 x1	13 x0	11 x3	12 x2	7 x2
4 x2	2 x2	0 x2	5 x9	7 x0

Multiplication facts

3

Multiply

12 x2	4 x3	3 x2	9 x3	1 x2
6 x2	16 x5	9 x0	7 x9	2 x2
4 x1	13 x1	9 x3	12 x2	7 x5
8 x2	3 x2	1 x2	5 x9	7 x7

Multiply

12	4	3	9	8
x3	x1	x8	x5	x2

12	17	9	3	2
x2	x5	x1	x9	x9

4	19	9	12	7
x5	x1	x3	x2	x5

8	3	7	5	0
x8	x5	x2	x6	x7

5

Multiply

3	4	5	7	5
x3	x0	x8	x5	x2

14	18	8	9	2
x2	x5	x1	x9	x0

14	19	10	12	3
x5	x1	x3	x3	x5

7	4	7	8	0
x8	x5	x5	x6	x0

Multiplication facts

6

Multiply

8 x3	4 x4	5 x5	7 x4	5 x9
6 x6	18 x5	1 x8	1 x9	2 x0
14 x0	13 x1	0 x3	12 x9	13 x5
7 x6	4 x9	7 x2	5 x6	2 x0

Multiply

18	14	15	7	1
x3	x4	x5	x3	x9

6	18	5	3	2
x6	x5	x8	x9	x1

14	13	8	12	13
x8	x5	x3	x4	x3

7	7	17	15	7
x5	x9	x2	x6	x0

Multiply

10 x11	14 x4	12 x11	7 x3	11 x9
6 x4	18 x2	15 x8	9 x9	12 x1
14 x7	13 x1	8 x5	12 x7	13 x0
17 x5	7 x9	17 x2	15 x6	7 x0

Multiplication facts

9

Multiply

10 x12	15 x4	13 x11	7 x3	12 x9
6 x2	18 x4	15 x3	9 x7	12 x7
14 x3	13 x13	8 x8	12 x6	13 x8
17 x9	7 x9	17 x3	15 x2	17 x0

Multiply

11 x12	11 x4	13 x12	7 x4	12 x5
6 x7	18 x0	15 x0	3 x7	12 x1
14 x6	13 x10	8 x5	12 x4	13 x3
17 x4	7 x1	17 x1	15 x0	17 x5

11

Multiply

11	11	13	10	12
x14	x4	x11	x4	x8

16	14	15	13	12
x7	x3	x3	x7	x8

14	13	8	12	13
x6	x10	x5	x4	x13

15	5	19	15	17
x4	x1	x1	x0	x5

Find the Missing Multipliers (Multiplication facts)

13 worksheets
20 problems per sheet

Find the Missing Multipliers

13

Multiply

$3 \times \ldots = 21$

$12 \times \ldots = 60$

$6 \times \ldots = 48$

$4 \times \ldots = 36$

$9 \times \ldots = 81$

$11 \times \ldots = 77$

$5 \times \ldots = 75$

$9 \times \ldots = 54$

$1 \times \ldots = 15$

$10 \times \ldots = 90$

$4 \times \ldots = 24$

$3 \times \ldots = 24$

$2 \times \ldots = 40$

$13 \times \ldots = 104$

$7 \times \ldots = 35$

$1 \times \ldots = 19$

$0 \times \ldots = 0$

$5 \times \ldots = 45$

$8 \times \ldots = 56$

$7 \times \ldots = 84$

Find the Missing Multipliers
(Multiplication facts)

13 worksheets
20 problems per sheet

Find the Missing Multipliers

13

Multiply

3 x .... = 21	12 x .... = 60
6 x .... = 48	4 x .... = 36
9 x .... = 81	11 x .... = 77
5 x .... = 75	9 x .... = 54
1 x .... = 15	10 x .... = 90
4 x .... = 24	3 x .... = 24
2 x .... = 40	13 x .... = 104
7 x .... = 35	1 x .... = 19
0 x .... = 0	5 x .... = 45
8 x .... = 56	7 x .... = 84

Find the Missing Multipliers

Multiply

7 x .... = 21

5 x .... = 60

8 x .... = 48

9 x .... = 36

9 x .... = 81

7 x .... = 77

5 x .... = 75

6 x .... = 54

1 x .... = 15

9 x .... = 90

6 x .... = 24

8 x .... = 24

4 x .... = 40

8 x .... = 104

5 x .... = 35

1 x .... = 19

0 x .... = 0

9 x .... = 45

7 x .... = 56

8 x .... = 56

Find the Missing Multipliers

15

Multiply

2 x .... = 12

7 x .... = 63

7 x .... = 42

9 x .... = 54

6 x .... = 36

8 x .... = 72

5 x .... = 30

6 x .... = 48

2 x .... = 14

9 x .... =81

2 x .... = 24

8 x .... = 64

9 x .... = 27

3 x .... = 27

9 x .... = 54

4 x .... = 28

8 x .... = 0

8 x .... = 32

8 x .... = 64

6 x .... = 24

16

Multiply

12 x .... = 120

12 x .... = 96

8 x .... = 96

9 x .... = 108

5 x .... = 60

12 x .... = 144

11 x .... = 77

13 x .... = 182

3 x .... = 15

9 x .... = 117

2 x .... = 24

8 x .... = 120

7 x .... = 140

8 x .... = 104

5 x .... = 60

10 x .... = 111

10 x .... = 0

9 x .... = 45

5 x .... = 50

8 x .... = 56

Find the Missing Multipliers

17

Multiply

8 x .... = 40

12 x .... = 96

2 x .... = 6

9 x .... = 108

4 x .... = 8

12 x .... = 48

8 x .... = 88

13 x .... = 182

3 x .... = 57

9 x .... = 117

2 x .... = 24

8 x .... = 120

7 x .... = 140

8 x .... = 104

5 x .... = 60

10 x .... = 110

10 x .... = 0

9 x .... = 45

5 x .... = 50

8 x .... = 56

Multiply

13 x .... = 156

12 x .... = 96

2 x .... = 24

9 x .... = 45

14 x .... = 42

12 x .... = 144

12 x .... = 108

14 x .... = 182

6 x .... = 90

9 x .... = 117

2 x .... = 24

8 x .... = 40

7 x .... = 140

8 x .... = 104

5 x .... = 60

10 x .... = 120

10 x .... = 0

9 x .... = 99

5 x .... = 50

8 x .... = 88

Find the Missing Multipliers

19

Multiply

2 x .... = 0

11 x .... = 121

3 x .... = 33

9 x .... = 45

11 x .... = 55

7 x .... = 42

7 x .... = 49

3 x .... = 57

11 x .... =88

7 x .... = 35

12 x .... = 132

4 x .... = 40

4 x .... = 12

12 x .... = 48

4 x .... = 20

9 x .... = 18

8 x .... = 40

12 x .... = 12

4 x .... = 36

9 x .... = 99

Find the Missing Multipliers

20

Multiply

3 x .... = 12

11 x .... = 22

6 x .... = 30

5 x .... = 45

11 x .... = 99

4 x .... = 28

7 x .... = 49

8 x .... = 96

11 x .... =121

5 x .... = 35

8x .... = 64

5 x .... = 40

10 x .... = 60

11 x .... = 66

11 x .... = 11

9 x .... = 81

8 x .... = 32

2 x .... = 12

2 x .... = 16

12 x .... = 60

Multiply

2 x .... = 12

12 x .... = 144

2 x .... = 16

9 x .... = 45

6 x .... = 54

12 x .... = 144

9 x .... = 27

13 x .... = 182

3 x .... = 9

9 x .... = 117

2 x .... = 4

5 x .... = 40

5 x .... = 10

12 x .... = 48

5 x .... = 55

2 x .... = 16

12 x .... = 36

12 x .... = 108

2 x .... = 16

7 x .... = 21

Find the Missing Multipliers

22

Multiply

4 x .... = 24

7 x .... = 56

3 x .... = 15

3 x .... = 30

9 x .... = 27

12 x .... = 24

3 x .... = 27

10 x .... = 20

7 x .... = 21

9 x .... = 63

2 x .... = 24

4 x .... = 40

5 x .... = 55

8 x .... = 32

1 x .... = 11

2 x .... = 16

2 x .... = 36

10 x .... = 80

8 x .... = 16

7 x .... = 21

Find the Missing Multipliers

Multiply

6 x .... = 48

8 x .... = 56

7 x .... = 27

11 x .... = 44

9 x .... = 81

6 x .... = 24

11 x .... = 55

10 x .... = 60

8 x .... = 72

6 x .... = 54

8 x .... = 24

5 x .... = 40

4 x .... = 16

8 x .... = 32

11 x .... = 11

8 x .... = 48

3 x .... = 30

12 x .... = 120

12 x .... = 48

10 x .... = 0

Find the Missing Multipliers

24

Multiply

1 x .... = 12

8 x .... = 80

7 x .... = 27

11 x .... = 66

9 x .... = 0

6 x .... = 36

11 x .... = 99

11 x .... = 88

9 x .... = 72

6 x .... = 24

4 x .... = 24

5 x .... = 90

2 x .... = 16

8 x .... = 32

3 x .... = 12

8 x .... =32

4 x .... = 20

12 x .... = 96

2 x .... = 18

10 x .... = 90

Multiply

11 x .... = 22

4 x .... = 80

2 x .... = 22

11 x .... = 44

6 x .... = 18

15 x .... = 0

11 x .... = 44

8 x .... = 80

9 x .... = 99

7 x .... = 28

4 x .... = 40

10 x .... = 50

2 x .... = 20

8 x .... = 117

4 x .... = 28

4 x .... =20

4 x .... = 20

12 x .... = 220

9 x .... = 18

20 x .... = 100

SECTIOIN

3

Division facts

12 worksheets
20 problems per sheet

Division facts

Division

35 ÷ 5 = ...

0 ÷ 5 = ...

15 ÷ 3 = ...

10 ÷ 5 = ...

120 ÷ 5 = ...

22 ÷ 2 = ...

25 ÷ 5 = ...

30 ÷ 5 = ...

150 ÷ 10 = ...

27 ÷ 9 = ...

99 ÷ 11 = ...

48 ÷ 6 = ...

45 ÷ 9 = ...

36 ÷ 9 = ...

81 ÷ 9 = ...

60 ÷ 15 = ...

100 ÷ 20 = ...

36 ÷ 6 = ...

140 ÷ 70 = ...

88 ÷ 4 = ...

Division facts

28

Division

15 ÷ 5 = ...	14 ÷ 2 = ...
30 ÷ 3 = ...	12 ÷ 3 = ...
45 ÷ 5 = ...	25 ÷ 5 = ...
24 ÷ 2 = ...	40 ÷ 5 = ...
50 ÷ 10 = ...	32 ÷ 8 = ...
90 ÷ 10 = ...	48 ÷ 3 = ...
45 ÷ 5 = ...	30 ÷ 10 = ...
72 ÷ 9 = ...	60 ÷ 15 = ...
100 ÷ 30 = ...	36 ÷ 6 = ...
18 ÷ 6 = ...	88 ÷ 4 = ...

29

Division

$24 \div 6 = $ ....

$49 \div 7 = $ ....

$7 \div 1 = $ ....

$36 \div 12 = $ ....

$60 \div 10 = $ ....

$80 \div 10 = $ ....

$18 \div 9 = $ ....

$99 \div 9 = $ ....

$66 \div 6 = $ ....

$40 \div 4 = $ ....

$6 \div 3 = $ ....

$12 \div 6 = $ ....

$48 \div 8 = $ ....

$66 \div 6 = $ ....

$120 \div 10 = $ ....

$22 \div 11 = $ ....

$0 \div 30 = $ ....

$72 \div 6 = $ ....

$63 \div 7 = $ ....

$30 \div 5 = $ ....

Division facts

30

Division

24 ÷ 2 = ...	21 ÷ 7 = ...
5 ÷ 1 = ...	24 ÷ 12 = ...
50 ÷ 10 = ...	70 ÷ 10 = ...
16 ÷ 4 = ...	90 ÷ 9 = ...
30 ÷ 6 = ...	48 ÷ 4 = ...
8 ÷ 2 = ...	12 ÷ 3 = ...
9 ÷ 3 = ...	60 ÷ 6 = ...
20 ÷ 10 = ...	22 ÷ 11 = ...
30 ÷ 2 = ...	72 ÷ 6 = ...
63 ÷ 7 = ...	30 ÷ 5 = ...

31

Division

140 ÷ 2 = ...	42 ÷ 7 = ...
15 ÷ 3 = ...	84 ÷ 21 = ...
150 ÷ 5 = ...	84 ÷ 4 = ...
160 ÷ 40 = ...	168 ÷ 7 = ...
45 ÷ 9 = ...	66 ÷ 11 = ...
115 ÷ 5 = ...	99 ÷ 9 = ...
80 ÷ 8 = ...	160 ÷ 8 = ...
120 ÷ 10 = ...	72 ÷ 6 = ...
30 ÷ 15 = ...	45 ÷ 15 = ...
96 ÷ 8 = ...	15 ÷ 5 = ...

Division

140 ÷ 2 = ...

42 ÷ 7 = ...

15 ÷ 3 = ...

84 ÷ 21 = ...

150 ÷ 5 = ...

84 ÷ 4 = ...

160 ÷ 40 = ...

168 ÷ 7 = ...

45 ÷ 9 = ...

66 ÷ 11 = ...

115 ÷ 5 = ...

99 ÷ 9 = ...

80 ÷ 8 = ...

160 ÷ 8 = ...

120 ÷ 10 = ...

72 ÷ 6 = ...

30 ÷ 15 = ...

45 ÷ 15 = ...

96 ÷ 8 = ...

15 ÷ 5 = ...

33

Division

80 ÷ 4 = ...	18 ÷ 9 = ...
44 ÷ 11 = ...	28 ÷ 4 = ...
0 ÷ 15 = ...	20 ÷ 2 = ...
80 ÷ 8 = ...	99 ÷ 9 = ...
28 ÷ 7 = ...	66 ÷ 6 = ...
50 ÷ 10 = ...	44 ÷ 11 = ...
116 ÷ 4 = ...	18 ÷ 6 = ...
20 ÷ 4 = ...	22 ÷ 2 = ...
220 ÷ 10 = ...	40 ÷ 4 = ...
100 ÷ 20 = ...	50 ÷ 10 = ...

Division facts

34

Division

80 ÷ 8 = ...	64 ÷ 8 = ...
66 ÷ 11 = ...	27 ÷ 3 = ...
36 ÷ 6 = ...	28 ÷ 4 = ...
88 ÷11 = ...	32 ÷8 = ...
24 ÷ 6 = ...	24 ÷ 6 = ...
63 ÷ 7 = ...	12 ÷ 3 = ...
54 ÷ 9 = ...	42÷ 7 = ...
72 ÷ 8 = ...	35 ÷ 7 = ...
48 ÷ 6 = ...	14 ÷ 2 = ...
81 ÷ 9 = ...	54 ÷ 9 = ...

Division facts

35

Division

56 ÷ 8 = ...

96 ÷ 12 = ...

120 ÷ 12 = ...

108 ÷ 9 = ...

96 ÷ 8 = ...

144 ÷ 12 = ...

60 ÷ 5 = ...

182 ÷ 14 = ...

77 ÷ 11 = ...

117 ÷ 9 = ...

15 ÷ 3 = ...

120 ÷ 8 = ...

24 ÷ 12 = ...

104 ÷ 8 = ...

140 ÷ 7 = ...

111 ÷ 3 = ...

60 ÷ 6 = ...

45 ÷ 9 = ...

50 ÷ 10 = ...

45 ÷ 5 = ...

Division facts

36

Division

$7 \div 1 =$ ....

$14 \div 7 =$ ....

$35 \div 5 =$ ....

$21 \div 7 =$ ....

$4 \div 4 =$ ....

$42 \div 7 =$ ....

$16 \div 4 =$ ....

$18 \div 3 =$ ....

$12 \div 3 =$ ....

$35 \div 7 =$ ....

$9 \div 3 =$ ....

$30 \div 6 =$ ....

$5 \div 5 =$ ....

$36 \div 6 =$ ....

$42 \div 6 =$ ....

$5 \div 1 =$ ....

$14 \div 2 =$ ....

$45 \div 9 =$ ....

$21 \div 7 =$ ....

$2 \div 2 =$ ....

Division

$7 \div 0 = $	$14 \div 7 = $ ....
$35 \div 7 = $	$21 \div 3 = $ ....
$4 \div 1 = $	$42 \div 7 = $ ....
$16 \div 2 = $	$18 \div 2 = $ ....
$12 \div 4 = $	$35 \div 5 = $ ....
$9 \div 3 = $	$30 \div 6 = $ ....
$15 \div 5 = $	$36 \div 6 = $ ....
$42 \div 7 = $	$5 \div 1 = $ ....
$16 \div 8 = $	$45 \div 5 = $ ....
$21 \div 7 = $	$2 \div 1 = $ ....

38

Division

$30 \div 3 =$ ....

$63 \div 7 =$ ....

$6 \div 2 =$ ....

$77 \div 7 =$ ....

$44 \div 4 =$ ....

$20 \div 10 =$ ....

$12 \div 4 =$ ....

$80 \div 8 =$ ....

$32 \div 4 =$ ....

$3 \div 3 =$ ....

$49 \div 7 =$ ....

$48 \div 8 =$ ....

$72 \div 12 =$ ....

$28 \div 7 =$ ....

$108 \div 12 =$ ....

$36 \div 4 =$ ....

$14 \div 2 =$ ....

$9 \div 9 =$ ....

$21 \div 7 =$ ....

$18 \div 2 =$ ....

Find the missing division

12 worksheets
20 problems per sheet

Fill in the blanks

$12 \div$ .... $= 3$

$88 \div$ .... $= 8$

$30 \div$ .... $= 5$

$15 \div$ .... $= 3$

$24 \div$ .... $= 4$

$44 \div$ .... $= 2$

$45 \div$ .... $= 9$

$225 \div$ .... $= 15$

$37 \div$ .... $= 37$

$144 \div$ .... $= 16$

$48 \div$ .... $= 4$

$48 \div$ .... $= 12$

$90 \div$ .... $= 10$

$112 \div$ .... $= 56$

$120 \div$ .... $= 30$

$72 \div$ .... $= 3$

$124 \div$ .... $= 31$

$99 \div$ .... $= 3$

$50 \div$ .... $= 5$

$64 \div$ .... $= 4$

Find the missing division

Fill in the blanks

41

$2 \div \text{...................} = 1$

$8 \div \text{...................} = 1$

$15 \div \text{...................} = 5$

$16 \div \text{...................} = 8$

$1 \div \text{...................} = 1$

$18 \div \text{...................} = 9$

$4 \div \text{...................} = 2$

$9 \div \text{...................} = 1$

$6 \div \text{...................} = 3$

$24 \div \text{...................} = 12$

$8 \div \text{...................} = 4$

$22 \div \text{...................} = 11$

$10 \div \text{...................} = 5$

$20 \div \text{...................} = 10$

$12 \div \text{...................} = 6$

$36 \div \text{...................} = 12$

$5 \div \text{...................} = 5$

$18 \div \text{...................} = 6$

$3 \div \text{...................} = 1$

$15 \div \text{...................} = 5$

Fill in the blanks

44 ÷ .... = 11

64 ÷ .... = 8

55 ÷ .... = 5

20 ÷ .... = 4

72 ÷ .... = 12

36 ÷ .... = 6

24 ÷ .... = 6

90 ÷ .... = 10

30 ÷ .... = 3

40 ÷ .... = 8

8 ÷ .... = 1

15 ÷ .... = 3

56 ÷ .... = 8

16 ÷ .... = 4

32 ÷ .... = 8

48 ÷ .... = 8

36 ÷ .... = 9

49 ÷ .... = 7

42 ÷ .... = 7

54 ÷ .... = 9

Find the missing division

Fill in the blanks

43

54 ÷ .... = 9	120 ÷ .... = 12
56 ÷ .... = 8	60 ÷ .... = 12
77 ÷ .... = 11	36 ÷ .... = 9
24 ÷ .... = 12	30 ÷ .... = 10
30 ÷ .... = 5	40 ÷ .... = 10
72 ÷ .... = 9	15 ÷ .... = 3
16 ÷ .... = 8	24 ÷ .... = 4
48 ÷ .... = 8	72 ÷ .... = 12
54 ÷ .... = 9	28 ÷ .... = 7
96 ÷ .... = 12	72 ÷ .... = 9

Find the missing division

Fill in the blanks

$3 \div$ .... $= 1$

$32 \div$ .... $= 8$

$33 \div$ .... $= 11$

$12 \div$ .... $= 3$

$30 \div$ .... $= 10$

$36 \div$ .... $= 9$

$27 \div$ .... $= 9$

$40 \div$ .... $= 10$

$3 \div$ .... $= 3$

$16 \div$ .... $= 4$

$8 \div$ .... $= 2$

$20 \div$ .... $= 5$

$14 \div$ .... $= 7$

$44 \div$ .... $= 11$

$21 \div$ .... $= 7$

$48 \div$ .... $= 12$

$4 \div$ .... $= 1$

$60 \div$ .... $= 12$

$28 \div$ .... $= 7$

$30 \div$ .... $= 6$

Find the missing division

Fill in the blanks

45

$25 \div \text{.................} = 5$

$42 \div \text{.................} = 7$

$55 \div \text{.................} = 11$

$6 \div \text{.................} = 1$

$50 \div \text{.................} = 10$

$12 \div \text{.................} = 2$

$20 \div \text{.................} = 4$

$48 \div \text{.................} = 8$

$15 \div \text{.................} = 3$

$54 \div \text{.................} = 9$

$45 \div \text{.................} = 9$

$18 \div \text{.................} = 3$

$40 \div \text{.................} = 8$

$24 \div \text{.................} = 4$

$12 \div \text{.................} = 2$

$60 \div \text{.................} = 10$

$5 \div \text{.................} = 1$

$66 \div \text{.................} = 11$

$35 \div \text{.................} = 7$

$30 \div \text{.................} = 5$

Fill in the blanks

36 ÷ .... = 6

63 ÷ .... = 9

72 ÷ .... = 12

56 ÷ .... = 8

84 ÷ .... = 12

14 ÷ .... = 2

42 ÷ .... = 6

21 ÷ .... = 7

35 ÷ .... = 5

28 ÷ .... = 4

77 ÷ .... = 7

80 ÷ .... = 10

70 ÷ .... =10

88 ÷ .... = 11

28 ÷ .... = 4

40 ÷ .... = 5

21 ÷ .... = 3

48 ÷ .... = 6

35 ÷ .... = 7

96 ÷ .... = 12

Fill in the blanks

108 ÷ .... = 12	70 ÷ .... = 7
99 ÷ .... = 10	77 ÷ .... = 7
45 ÷ .... = 5	10 ÷ .... = 1
36 ÷ .... = 4	20 ÷ .... = 2
27 ÷ .... = 3	80 ÷ .... = 8
81 ÷ .... = 9	90 ÷ .... = 9
72 ÷ .... = 8	20 ÷ .... = 3
18 ÷ .... = 2	40 ÷ .... = 4
9 ÷ .... = 1	50 ÷ .... = 5
63 ÷ .... = 7	110 ÷ .... = 11

Fill in the blanks  **48**

100 ÷ .... = 10

72 ÷ .... = 8

70 ÷ .... = 7

45 ÷ .... = 5

110 ÷ .... = 11

72 ÷ .... = 9

50 ÷ .... = 5

64 ÷ .... = 8

80 ÷ .... = 8

21 ÷ .... = 3

30 ÷ .... = 3

16 ÷ .... = 4

120 ÷ .... = 12

56 ÷ .... = 7

81 ÷ .... = 9

48 ÷ .... = 6

56 ÷ .... = 7

63 ÷ .... = 9

63 ÷ .... = 7

56 ÷ .... = 8

Find the missing division

Fill in the blanks

$132 ÷ \ldots = 12$ $122 ÷ \ldots = 61$

$120 ÷ \ldots = 10$ $114 ÷ \ldots = 19$

$120 ÷ \ldots = 12$ $69 ÷ \ldots = 23$

$110 ÷ \ldots = 10$ $288 ÷ \ldots = 18$

$144 ÷ \ldots = 12$ $136 ÷ \ldots = 17$

$84 ÷ \ldots = 7$ $51 ÷ \ldots = 17$

$96 ÷ \ldots = 8$ $168 ÷ \ldots = 14$

$108 ÷ \ldots = 12$ $240 ÷ \ldots = 15$

$145 ÷ \ldots = 29$ $140 ÷ \ldots = 14$

$174 ÷ \ldots = 6$ $48 ÷ \ldots = 8$

Fill in the blanks  50

171 ÷ .... = 19

153 ÷ .... = 9

260 ÷ .... = 10

102 ÷ .... = 17

98 ÷ .... = 14

144 ÷ .... = 8

90 ÷ .... = 15

128 ÷ .... = 8

210 ÷ .... = 15

64 ÷ .... = 4

224 ÷ .... = 16

252 ÷ .... = 14

204 ÷ .... = 12

209 ÷ .... = 19

240 ÷ .... = 16

104 ÷ .... = 8

54 ÷ .... = 18

156 ÷ .... = 13

85 ÷ .... = 17

143 ÷ .... = 11

Fill in the blanks  **51**

192 ÷ .... = 16

60 ÷ .... = 6

126 ÷ .... = 7

144 ÷ .... = 18

152 ÷ .... = 8

361 ÷ .... = 19

117 ÷ .... = 13

187 ÷ .... = 11

64 ÷ .... = 16

360 ÷ .... = 18

99 ÷ .... = 11

247 ÷ .... = 13

130 ÷ .... = 10

221 ÷ .... = 13

221 ÷ .... = 17

36 ÷ .... = 9

84 ÷ .... = 7

65 ÷ .... = 13

192 ÷ .... = 12

288 ÷ .... = 16

SECTIOIN

5

Multiplication (2 digits x 1 digits)

12 worksheets
20 problems per sheet

**Multiplication
(2 digits x 1 digits)**

Multiply

15	45	30	17	10
x 2	x 1	x 2	x 3	x 2

35	26	19	18	11
x 2	x 5	x 2	x 9	x 2

15	13	11	12	57
x 1	x 0	x 3	x 2	x 2

44	28	20	65	77
x 2	x 2	x 2	x 9	x 0

Multiplication
(2 digits x 1 digits)

54

Multiply

34	93	56	47	10
x 5	x 3	x 7	x 2	x 2
20	69	66	61	31
x 2	x 9	x 2	x 6	x 3
98	38	32	21	78
x 7	x 3	x 8	x 7	x 7
71	66	27	68	60
x 2	x 6	x 9	x 6	x 6

Multiplication
(2 digits x 1 digits)

55

Multiply

20 x 5	44 x 9	90 x 9	15 x 7	51 x 6
89 x 3	72 x 2	18 x 4	29 x 5	52 x 6
94 x 7	67 x 6	23 x 7	26 x 5	58 x 7
62 x 5	15 x 3	77 x 3	55 x 8	63 x 8

**Multiplication
(2 digits x 1 digits)**

Multiply

56

63	81	54	18	11
x 2	x 8	x 3	x 9	x 2

66	81	36	70	31
x 7	x 5	x 8	x 8	x 7

39	34	67	87	39
x 7	x 4	x 5	x 5	x 4

60	91	95	23	53
x 3	x 6	x 6	x 7	x 8

**Multiplication
(2 digits x 1 digits)**

57

Multiply

18	12	63	62	35
x 8	x 2	x 4	x 5	x 8

76	61	24	77	81
x 6	x 2	x 5	x 9	x 3

37	51	22	47	97
x 9	x 7	x 8	x 9	x 9

32	88	84	25	34
x 8	x 4	x 6	x 8	x 4

Multiplication
(2 digits x 1 digits)

58

Multiply

77	88	64	37	84
x 9	x 4	x 2	x 6	x 6

72	32	34	37	72
x 2	x 8	x 3	x 5	x 6

39	18	87	43	49
x 3	x 9	x 4	x 9	x 8

58	96	68	94	67
x 8	x 3	x 9	x 7	x 3

Multiplication (2 digits x 1 digits)

59

Multiply

78	95	56	21	52
x 6	x 8	x 9	x 2	x 4

43	81	42	42	52
x 3	x 5	x 2	x 5	x 3

71	66	96	64	53
x 4	x 5	x 4	x 3	x 2

84	95	37	73	35
x 2	x 3	x 4	x 5	x 3

Multiply

12 x 9	25 x 6	17 x 2	30 x 2	23 x 5
10 x 6	24 x 2	11 x 4	19 x 4	26 x 3
24 x 4	22 x 5	33 x 4	27 x 7	29 x 2
44 x 2	37 x 3	34 x 4	54 x 6	53 x 3

Multiplication
(2 digits x 1 digits)

61

Multiply

43	26	73	43	67
x 5	x 4	x 3	x 4	x 5

90	29	45	19	34
x 2	x 5	x 7	x 6	x 8

64	18	59	47	39
x 4	x 9	x 2	x 6	x 3

76	45	55	92	48
x 2	x 3	x 3	x 5	x 2

Multiply   **62**

91	83	38	74	67
x 3	x 5	x 7	x 6	x 5

93	28	47	19	78
x 2	x 5	x 2	x 9	x 4

56	32	58	57	38
x 9	x 6	x 3	x 4	x 7

67	89	77	93	45
x 3	x 1	x 3	x 5	x 3

Multiplication
(2 digits x 1 digits)

63

Multiply

94	85	39	78	65
x 2	x 4	x 6	x 4	x 3

41	29	46	85	94
x 7	x 5	x 7	x 4	x 3

26	39	69	59	51
x 6	x 5	x 3	x 3	x 7

61	84	71	95	49
x 3	x 2	x 3	x 3	x 3

Multiplication
(2 digits x 1 digits)

64

Multiply

| 49 | 58 | 93 | 87 | 56 |
| x 2 | x 4 | x 6 | x 4 | x 3 |

| 14 | 92 | 64 | 37 | 49 |
| x 7 | x 5 | x 7 | x 4 | x 3 |

| 62 | 93 | 96 | 95 | 15 |
| x 6 | x 5 | x 3 | x 3 | x 7 |

| 16 | 48 | 17 | 59 | 94 |
| x 3 | x 2 | x 3 | x 3 | x 3 |

Multiplication (3 digits X 1 digits)

5 worksheets

20 problems per sheet

Multiply

143	174	321	279	143
x 2	x 1	x 4	x 3	x 2

152	190	134	147	129
x 2	x 5	x 2	x 9	x 2

105	115	101	109	180
x 8	x 0	x 3	x 7	x 2

142	183	165	132	161
x 2	x 4	x 6	x 9	x 0

Multiplication (3 digits X 1 digits)

67

Multiply

134	145	350	317	160
x 2	x 1	x 2	x 3	x 2

325	226	419	168	121
x 2	x 5	x 2	x 9	x 2

915	143	511	412	571
x 1	x 0	x 3	x 2	x 2

744	278	230	625	747
x 2	x 2	x 2	x 9	x 0

Multiplication (3 digits X 1 digits)

68

Multiply

124	135	340	217	170
x 2	x 1	x 2	x 3	x 2

125	216	419	128	161
x 2	x 5	x 2	x 9	x 2

115	133	111	112	171
x 1	x 0	x 3	x 2	x 2

144	178	130	125	147
x 2	x 2	x 2	x 9	x 0

Multiply

123	134	341	219	173
x 2	x 1	x 4	x 3	x 2

115	116	119	118	151
x 2	x 5	x 2	x 9	x 2

155	113	191	102	141
x 8	x 0	x 3	x 7	x 2

134	148	100	185	187
x 2	x 4	x 6	x 9	x 0

Multiplication (3 digits X 1 digits)

Multiply

173	194	301	299	153
x 2	x 1	x 4	x 3	x 2

155	196	139	148	121
x 2	x 5	x 2	x 9	x 2

155	113	191	102	181
x 8	x 0	x 3	x 7	x 2

144	188	160	135	167
x 2	x 4	x 6	x 9	x 0

SECTIOIN

7

Multiplication (3 digits X 2 digits)

15 worksheets

20 problems per sheet

Multiply

100 x12	105 x51	109 x22	107 x13	106 x12
101 x29	104 x75	119 x82	112 x39	111 x42
115 x31	113 x50	118 x53	112 x62	117 x12
120 x23	102 x52	122 x62	125 x39	126 x20

73

Multiply

130	135	139	137	136
x11	x21	x12	x13	x19

131	134	129	122	131
x16	x16	x14	x18	x17

145	153	158	142	147
x22	x20	x23	x28	x23

130	152	132	155	156
x23	x32	x12	x19	x10

Multiplication (3 digits X 2 digits)

74

Multiply

130 x12	105 x51	109 x22	107 x33	106 x12
101 x29	104 x75	119 x82	112 x39	111 x42
115 x31	113 x50	118 x53	112 x62	117 x32
120 x23	102 x52	122 x62	125 x39	126 x20

Multiply

104	105	300	307	100
x12	x51	x22	x13	x12

305	206	409	108	101
x29	x35	x12	x39	x42

405	103	401	802	807
x13	x50	x23	x12	x12

704	278	200	605	707
x23	x32	x42	x16	x10

Multiplication (3 digits X 2 digits)

76

Multiply

104	105	300	307	100
x10	x50	x20	x13	x11

305	206	409	108	101
x21	x15	x12	x19	x17

405	103	401	802	807
x16	x19	x19	x11	x13

704	278	200	605	707
x14	x15	x22	x13	x14

Multiply

110 x10	111 x50	116 x20	118 x13	115 x11
119 x21	112 x15	114 x12	113 x19	117 x17
120 x16	123 x19	127 x19	122 x18	126 x13
125 x14	128 x15	121 x22	129 x23	124 x24

Multiplication (3 digits X 2 digits)

78

Multiply

510	511	516	518	515
x10	x17	x10	x13	x11

519	512	514	513	517
x13	x15	x12	x19	x17

520	523	527	522	526
x16	x19	x18	x18	x13

525	328	321	329	324
x14	x15	x22	x23	x24

Multiply

210	211	216	218	215
x21	x25	x20	x23	x26

219	212	214	213	217
x28	x27	x29	x22	x24

220	223	227	222	226
x34	x37	x32	x33	x30

225	228	221	229	224
x31	x28	x36	x35	x39

Multiplication (3 digits X 2 digits)

80

Multiply

240	241	246	248	245
x11	x15	x10	x13	x16

259	242	244	243	247
x18	x17	x19	x12	x14

250	243	247	242	246
x31	x32	x31	x13	x10

245	248	241	249	244
x21	x21	x37	x30	x33

Multiplication (3 digits X 2 digits)

81

Multiply

120	121	126	128	125
x21	x25	x20	x23	x26

129	122	124	123	127
x28	x27	x29	x22	x24

130	133	137	132	136
x34	x37	x32	x33	x30

135	138	131	139	134
x31	x38	x36	x35	x39

Multiplication (3 digits X 2 digits)

Multiply

320 x11	321 x15	326 x10	328 x13	325 x16
329 x18	322 x17	324 x19	323 x12	327 x14
330 x14	333 x17	337 x12	332 x13	336 x10
335 x11	338 x18	331 x16	339 x15	334 x19

Multiplication (3 digits X 2 digits)

Multiply

420 x11	421 x15	426 x10	428 x13	425 x16
429 x18	422 x17	424 x19	423 x12	427 x14
430 x14	433 x17	437 x12	432 x13	436 x10
435 x11	438 x18	431 x16	439 x15	434 x19

Multiplication (3 digits X 2 digits)

84

Multiply

120 x21	121 x25	126 x20	128 x23	125 x26
129 x28	122 x27	124 x29	123 x22	127 x24
130 x34	133 x37	137 x32	132 x33	136 x30
135 x31	138 x38	131 x36	139 x35	134 x39

SECTIOIN

Division (3digits / 1 digit)

11 worksheets
20 problems per sheet

Division

$135 \div 5 =$	$430 \div 2 =$ ....
$115 \div 1 =$	$110 \div 5 =$ ....
$120 \div 5 =$	$222 \div 3 =$ ....
$215 \div 5 =$	$300 \div 4 =$ ....
$150 \div 5 =$	$228 \div 6 =$ ....
$198 \div 9 =$	$148 \div 2 =$ ....
$145 \div 5 =$	$190 \div 5 =$ ....
$182 \div 7 =$	$166 \div 2 =$ ....
$100 \div 4 =$	$136 \div 8 =$ ....
$140 \div 7 =$	$488 \div 4 =$ ....

Division (3digits / 1 digit)

87

Division

$366 \div 3 =$ ....

$468 \div 6 =$ ....

$405 \div 9 =$ ....

$546 \div 7 =$ ....

$208 \div 8 =$ ....

$472 \div 2 =$ ....

$216 \div 8 =$ ....

$388 \div 4 =$ ....

$468 \div 9 =$ ....

$522 \div 6 =$ ....

$224 \div 2 =$ ....

$540 \div 2 =$ ....

$168 \div 3 =$ ....

$324 \div 3 =$ ....

$140 \div 5 =$ ....

$232 \div 4 =$ ....

$344 \div 4 =$ ....

$512 \div 8 =$ ....

$207 \div 3 =$ ....

$192 \div 8 =$ ....

Division

267 ÷ 3 = ...

258 ÷ 6 = ...

414 ÷ 9 = ...

322 ÷ 7 = ...

600 ÷ 8 = ...

158 ÷ 2 = ...

208 ÷ 8 = ...

268 ÷ 4 = ...

387 ÷ 9 = ...

222 ÷ 6 = ...

156 ÷ 2 = ...

196 ÷ 2 = ...

237 ÷ 3 = ...

261 ÷ 3 = ...

395 ÷ 5 = ...

148 ÷ 4 = ...

272 ÷ 4 = ...

368 ÷ 8 = ...

102 ÷ 3 = ...

128 ÷ 8 = ...

Division (3digits / 1 digit)

89

Division

$204 \div 3 = $ ....

$234 \div 6 = $ ....

$315 \div 9 = $ ....

$266 \div 7 = $ ....

$368 \div 8 = $ ....

$112 \div 2 = $ ....

$152 \div 8 = $ ....

$368 \div 4 = $ ....

$306 \div 9 = $ ....

$438 \div 6 = $ ....

$188 \div 2 = $ ....

$194 \div 2 = $ ....

$294 \div 3 = $ ....

$261 \div 3 = $ ....

$480 \div 5 = $ ....

$260 \div 4 = $ ....

$246 \div 6 = $ ....

$392 \div 8 = $ ....

$189 \div 3 = $ ....

$568 \div 8 = $ ....

Division

$261 \div 3 =$	$432 \div 6 =$ ....
$171 \div 9 =$	$406 \div 7 =$ ....
$144 \div 8 =$	$188 \div 2 =$ ....
$224 \div 8 =$	$164 \div 4 =$ ....
$261 \div 9 =$	$438 \div 6 =$ ....
$146 \div 2 =$	$174 \div 2 =$ ....
$294 \div 3 =$	$183 \div 3 =$ ....
$345 \div 5 =$	$248 \div 4 =$ ....
$272 \div 4 =$	$216 \div 8 =$ ....
$162 \div 3 =$	$104 \div 8 =$ ....

Division

$141 \div 3 =$ ....

$222 \div 6 =$ ....

$378 \div 9 =$ ....

$315 \div 7 =$ ....

$272 \div 8 =$ ....

$186 \div 2 =$ ....

$584 \div 8 =$ ....

$252 \div 4 =$ ....

$369 \div 9 =$ ....

$444 \div 6 =$ ....

$184 \div 2 =$ ....

$106 \div 2 =$ ....

$168 \div 3 =$ ....

$126 \div 3 =$ ....

$210 \div 5 =$ ....

$244 \div 4 =$ ....

$152 \div 4 =$ ....

$248 \div 8 =$ ....

$288 \div 3 =$ ....

$336 \div 8 =$ ....

92

Division

$273 \div 3 =$	$192 \div 6 =$ ....
$189 \div 9 =$	$574 \div 7 =$ ....
$210 \div 5 =$	$124 \div 2 =$ ....
$376 \div 8 =$	$212 \div 4 =$ ....
$225 \div 9 =$	$216 \div 6 =$ ....
$166 \div 2 =$	$170 \div 2 =$ ....
$255 \div 3 =$	$138 \div 3 =$ ....
$170 \div 5 =$	$296 \div 4 =$ ....
$248 \div 4 =$	$576 \div 8 =$ ....
$144 \div 3 =$	$592 \div 8 =$ ....

Division

$291 \div 3 =$	$456 \div 6 =$ ....
$414 \div 9 =$	$217 \div 7 =$ ....
$230 \div 5 =$	$190 \div 2 =$ ....
$584 \div 8 =$	$376 \div 4 =$ ....
$468 \div 9 =$	$456 \div 6 =$ ....
$186 \div 2 =$	$158 \div 2 =$ ....
$246 \div 3 =$	$249 \div 3 =$ ....
$415 \div 5 =$	$152 \div 4 =$ ....
$148 \div 4 =$	$312 \div 8 =$ ....
$147 \div 3 =$	$344 \div 8 =$ ....

Division

$117 \div 3 =$ ....

$198 \div 6 =$ ....

$288 \div 9 =$ ....

$385 \div 7 =$ ....

$480 \div 5 =$ ....

$176 \div 2 =$ ....

$464 \div 8 =$ ....

$264 \div 4 =$ ....

$801 \div 9 =$ ....

$462 \div 6 =$ ....

$198 \div 2 =$ ....

$134 \div 2 =$ ....

$264 \div 3 =$ ....

$204 \div 3 =$ ....

$385 \div 5 =$ ....

$284 \div 4 =$ ....

$352 \div 4 =$ ....

$264 \div 8 =$ ....

$132 \div 3 =$ ....

$352 \div 8 =$ ....

Division

141 ÷ 3 = ...

258 ÷ 6 = ...

891 ÷ 9 = ...

392 ÷ 7 = ...

330 ÷ 5 = ...

138 ÷ 2 = ...

256 ÷ 8 = ...

248 ÷ 4 = ...

387 ÷ 9 = ...

438 ÷ 6 = ...

126 ÷ 2 = ...

182 ÷ 2 = ...

192 ÷ 3 = ...

192 ÷ 3 = ...

456 ÷ 6 = ...

248 ÷ 4 = ...

212 ÷ 4 = ...

392 ÷ 8 = ...

195 ÷ 3 = ...

744 ÷ 8 = ...

Division (3digits / 1 digit)

96

Division

$186 \div 3 =$	$108 \div 6 =$ ....
$207 \div 9 =$	$126 \div 7 =$ ....
$105 \div 5 =$	$168 \div 2 =$ ....
$104 \div 8 =$	$288 \div 4 =$ ....
$135 \div 9 =$	$252 \div 6 =$ ....
$188 \div 2 =$	$146 \div 2 =$ ....
$141 \div 3 =$	$183 \div 3 =$ ....
$145 \div 5 =$	$148 \div 4 =$ ....
$112 \div 4 =$	$128 \div 8 =$ ....
$102 \div 3 =$	$136 \div 8 =$ ....

Division (4digits / 2 digit)

5 worksheets
20 problems per sheet

Division (4digits / 2 digit)

98

Division

$1235 \div 19 = $ ....

$4323 \div 33 = $ ....

$2115 \div 15 = $ ....

$1100 \div 20 = $ ....

$3420 \div 45 = $ ....

$2222 \div 22 = $ ....

$4215 \div 15 = $ ....

$3100 \div 50 = $ ....

$1520 \div 19 = $ ....

$1220 \div 61 = $ ....

$6298 \div 94 = $ ....

$1340 \div 20 = $ ....

$1445 \div 17 = $ ....

$1890 \div 27 = $ ....

$1824 \div 19 = $ ....

$1666 \div 17 = $ ....

$1000 \div 10 = $ ....

$1335 \div 15 = $ ....

$1400 \div 14 = $ ....

$4488 \div 17 = $ ....

Division

$1334 \div 29 =$ ....

$1568 \div 32 =$ ....

$1140 \div 15 =$ ....

$1580 \div 20 =$ ....

$1008 \div 42 =$ ....

$1408 \div 22 =$ ....

$1190 \div 35 =$ ....

$1450 \div 50 =$ ....

$1520 \div 40 =$ ....

$1242 \div 27 =$ ....

$1296 \div 24 =$ ....

$1058 \div 23 =$ ....

$1088 \div 17 =$ ....

$1156 \div 34 =$ ....

$1273 \div 19 =$ ....

$1288 \div 28 =$ ....

$1067 \div 11 =$ ....

$1026 \div 18 =$ ....

$1330 \div 14 =$ ....

$1150 \div 25 =$ ....

100

Division

$1363 \div 29 =$..............	$1376 \div 32 =$..............
$1095 \div 15 =$..............	$1500 \div 20 =$..............
$1512 \div 42 =$..............	$1012 \div 22 =$..............
$1610 \div 35 =$..............	$1100 \div 50 =$..............
$1677 \div 39 =$..............	$1863 \div 27 =$..............
$1728 \div 24 =$..............	$1104 \div 23 =$..............
$1003 \div 17 =$..............	$1564 \div 34 =$..............
$1083 \div 19 =$..............	$1232 \div 28 =$..............
$1034 \div 11 =$..............	$1368 \div 18 =$..............
$1204 \div 14 =$..............	$1075 \div 25 =$..............

Division (4digits / 2 digit)

101

Division

2349 ÷ 29 =...............	1536 ÷ 32 =...............
1020 ÷ 15 =...............	1180 ÷ 20 =...............
2898 ÷ 42 =...............	1034 ÷ 22 =...............
1610 ÷ 35 =...............	1150 ÷ 50 =...............
1794 ÷ 39 =...............	1242 ÷ 27 =...............
1728 ÷ 24 =...............	1564 ÷ 23 =...............
1666 ÷ 17 =...............	1564 ÷ 34 =...............
1444 ÷ 19 =...............	1372 ÷ 28 =...............
1045 ÷ 11 =...............	1404 ÷ 18 =...............
1022 ÷ 14 =...............	1225 ÷ 25 =...............

SECTIOIN

10

Solutions to problems

23 worksheets

102

2

DATE:......................	Multiplication facts

Multiply

15	5	3	7	10
x2	x1	x2	x3	x2
30	5	6	21	20

5	6	9	8	1
x2	x5	x2	x9	x2
10	30	18	72	2

15	13	11	12	7
x1	x0	x3	x2	x2
15	00	33	24	14

4	2	0	5	7
x2	x2	x2	x9	x0
8	4	0	45	0

3

DATE:......................	Multiplication facts

Multiply

12	4	3	9	1
x2	x3	x2	x3	x2
24	12	6	28	2

6	16	9	7	2
x2	x5	x0	x9	x2
12	80	0	63	4

4	13	9	12	7
x1	x1	x3	x2	x5
4	13	28	24	35

8	3	1	5	7
x2	x2	x2	x9	x7
16	6	2	45	49

4

DATE:......................	Multiplication facts

Multiply

12	4	3	9	8
x3	x1	x8	x5	x2
36	4	24	45	16

12	17	9	3	2
x2	x5	x1	x9	x9
24	85	9	27	18

4	19	9	12	7
x5	x1	x3	x2	x5
20	19	36	27	35

8	3	7	5	0
x8	x5	x2	x6	x7
64	15	14	30	7

5

DATE:......................	Multiplication facts

Multiply

3	4	5	7	5
x3	x0	x8	x5	x2
9	4	40	35	10

14	18	8	9	2
x2	x5	x1	x9	x0
28	90	8	81	0

14	19	10	12	3
x5	x1	x3	x3	x5
70	19	30	36	15

7	4	7	8	0
x8	x5	x5	x6	x0
56	20	35	48	0

6

DATE:....................... Multiplication facts

Multiply

8	4	5	7	5
x3	x4	x5	x4	x9
24	16	25	28	45

6	18	1	1	2
x6	x5	x8	x9	x0
36	90	8	9	0

14	13	0	12	13
x0	x1	x3	x9	x5
0	13	0	108	65

7	4	7	5	2
x6	x9	x2	x6	x0
42	36	14	30	0

7

DATE:....................... Multiplication facts

Multiply

18	14	15	7	1
x3	x4	x5	x3	x9
54	56	75	21	9

6	18	5	3	2
x6	x5	x8	x9	x1
36	90	40	27	2

14	13	8	12	13
x8	x5	x3	x4	x3
112	65	24	48	39

7	7	17	15	7
x5	x9	x2	x6	x0
35	63	34	90	0

8

DATE:....................... Multiplication facts

Multiply

10	14	12	7	11
x11	x4	x11	x3	x9
110	56		21	99

6	18	132 15	9	12
x4	x2	x8	x9	x1
24	36	120	81	12

14	13	8	12	13
x7	x1	x5	x7	x0
98	13	40	84	0

17	7	17	15	7
x5	x9	x2	x6	x0
85	63	34	90	0

9

DATE:....................... Multiplication facts

Multiply

10	15	13	7	12
x12	x4	x11	x3	x9
120	60	143	21	108

6	18	15	9	12
x2	x4	x3	x7	x7
12	72	45	63	84

14	13	8	12	13
x3	x13	x8	x6	x8
				104

42 17	169	164	172	17
x9	x9	x3	x2	x0
153	63	51	30	0

104

DATE:....................... | Multiplication facts

Multiply

11	11	13	7	12
x12	x4	x12	x4	x5
132	44	156	28	60

6	18	15	3	12
x7	x0	x0	x7	x1
42	0	0	21	12

14	13	8	12	13
x6	x10	x5	x4	x3
84	130	40	48	39

17	7	17	15	17
x4	x1	x1	x0	x5
68	7	17	0	85

DATE:....................... | Multiplication facts

Multiply

11	11	13	10	12
x14	x4	x11	x4	x8
154	44	143	40	96

16	14	15	13	12
x7	x3	x3	x7	x8
112	42	45	91	96

14	13	8	12	13
x6	x10	x5	x4	x13
84	130	40	48	169

15	5	19	15	17
x4	x1	x1	x0	x5
60	5	19	0	85

DATE:....................... | Find the Missing Multipliers

Multiply

3 x ......7........ = 21	12 x ......5...... = 60
6 x ......8........ = 48	4 x ......9..... = 36
9 x ......9..... = 81	11 x ......7..... = 77
5 x ......15..... = 75	9 x ......6........ = 54
1 x ......15..... = 15	10 x ......9..... = 90
4 x ......6..... = 24	3 x ......8..... = 24
2 x ......20...... = 40	13 x ......8..... = 104
7 x ......5........ = 35	1 x ......19..... = 19
0 x ......8...... = 0	5 x ......9...... = 45
8 x ......7..... = 56	7 x ......12........ = 84

DATE:....................... | Find the Missing Multipliers

Multiply

7 x ......3.... = 21	5 x ......12..... = 60
8 x ......6...... = 48	9 x ......4..... = 36
9 x ......9.... = 81	7 x ......11..... = 77
5 x ......15..... = 75	6 x ......9...... = 54
1 x ......15..... = 15	9 x ......10..... = 90
6 x ......4....... = 24	8 x ......3...... = 24
4 x ....10..... = 40	8 x ......13..... = 104
5 x ......7...... = 35	1 x ......19..... = 19
0 x ....4.... = 0	9 x ......5...... = 45
7 x ......8...... = 56	8 x ......7......... = 56

15

DATE:......................   **Find the Missing Multipliers**

Multiply

2 x ......6....... = 12   7 x ......9...... = 63

7 x ......6...... = 42   9 x ......6..... = 54

6 x ......6..... = 36   8 x ......9..... = 72

5 x ......6..... = 30   6 x ......8..... = 48

2 x ......7..... = 14   9 x ......9..... = 81

2 x ......12..... = 24   8 x ......8..... = 64

9 x ......3...... = 27   3 x ......9..... = 27

9 x ......6..... = 54   4 x ......7..... = 28

8 x ...0....... = 0   8 x ......4...... = 32

8 x ......8.... = 64   6 x ......4..... = 24

16

DATE:......................   **Find the Missing Multipliers**

Multiply

12 x ......10.... = 120   12 x ......8..... = 96

8 x ......12...... = 96   9 x ......12..... = 108

5 x ......12..... = 60   12 x ......12..... = 144

11 x ......7..... = 77   13 x ......14..... = 182

3 x ......5..... = 15   9 x ......13..... = 117

2 x ......12.... = 24   8 x ......15..... = 120

7 x ......20..... = 140   8 x ......13..... = 104

5 x ......12.... = 60   7 x ......16..... = 112

10 x ......0.... = 0   9 x ......5..... = 45

5 x ......10.... = 50   8 x ......7..... = 56

17

DATE:......................   **Find the Missing Multipliers**

Multiply

8 x ......5.... = 40   12 x ......8..... = 96

2 x ......3...... = 6   9 x ......12..... = 108

4 x ......2..... = 8   12 x ......4..... = 48

8 x ......10..... = 88   13 x ......14..... = 182

3 x ......19..... = 57   9 x ......13..... = 117

2 x ......12..... = 24   8 x ......15..... = 120

7 x ......20..... = 140   8 x ......13..... = 104

5 x ......12..... = 60   10 x ...11..... = 110

10 x ......0.... = 0   9 x ......5...... = 45

5 x ......10..... = 50   8 x ......7..... = 56

18

DATE:......................   **Find the Missing Multipliers**

Multiply

13 x ....12.... = 156   12 x ......8..... = 96

2 x ......12.... = 24   9 x ......5..... = 45

14 x ......3..... = 42   12 x ......12..... = 144

12 x ....9..... = 108   14 x ......13..... = 182

6 x ......15..... = 90   9 x ......13..... = 117

2 x ......12.... = 24   8 x ......5..... = 40

7 x ......20..... = 140   8 x ......13..... = 104

5 x ......12.... = 60   10 x ......12..... = 120

10 x ......0.... = 0   9 x ......11...... = 99

5 x ......10..... = 50   8 x ......11..... = 88

19

DATE:........................

Find the Missing Multipliers

Multiply

2 x ......0.... = 0	11 x .....11..... = 121
3 x ......11...... = 33	9 x ......5..... = 45
11 x ......5.... = 55	7 x ......6..... = 42
7 x .....7..... = 49	3 x ......19..... = 57
11 x ....8..... = 88	7 x .....5..... = 35
12 x ....11.... = 132	4 x ......10..... = 40
4 x .....3..... = 12	12 x ......4..... = 48
4 x ......5..... = 20	9 x ......4..... = 18
8 x ......5.... = 40	12 x ......1... = 12
4 x ....9..... = 36	9 x ......11..... = 99

20

DATE:........................

Find the Missing Multipliers

Multiply

3 x ......4.... = 12	11 x ....8..... = 22
6 x .....5...... = 30	5 x .....9..... = 45
11 x ......9..... = 99	4 x ......3.... = 28
7 x ......7..... = 49	8 x ...12.... = 96
11 x ....11..... =121	5 x .....7..... = 35
8 x ......8..... = 64	5 x ......8..... = 40
10 x .....6..... = 60	11 x ......6..... = 66
11 x .....1..... = 11	9 x .....9..... = 81
8 x ......4.... = 32	2 x ......6..... = 12
2 x ......8...... = 16	12 x ......5..... = 60

21

DATE:........................

Find the Missing Multipliers

Multiply

2 x ......6.... = 12	12 x ...12..... = 144
2 x .....8...... = 16	9 x .....5..... = 45
6 x ......9.... = 54	12 x ......12..... = 144
9 x ......3..... = 27	13 x ......14..... = 182
3 x .....3..... = 9	9 x .....13..... = 117
2 x ......2... = 4	5x ......8..... = 40
5 x .....2...... = 10	12 x ......4..... = 48
5 x ......11.... = 55	2 x ....8....... = 16
12 x ....3.... = 36	12 x ......9..... = 108
2 x ......8..... = 16	7 x ......3..... = 21

22

DATE:........................

Find the Missing Multipliers

Multiply

4 x ....6..... = 24	7 x ......8..... = 56
3 x ......5...... = 15	3 x ....10........ = 30
9 x ......3..... = 27	12 x ......2..... = 24
3 x ....9..... = 27	10 x ......2..... = 20
7 x ......3..... = 21	9 x ......7...... = 63
2 x ......6....... = 24	4 x ......10.... = 40
5 x .....11........ = 55	8 x ....4..... = 32
1 x .....11..... = 11	2 x ......8........ = 16
2 x .....18....... = 36	10 x ......8...... = 80
8 x ......2...... = 16	7 x ....3........ = 21

23

DATE:..................... | Find the Missing Multipliers

Multiply

6 x ....8.... = 48	8 x ......7..... = 56
7 x ......4...... = 28	11 x ......4..... = 44
9 x ......9..... = 81	6 x .....4..... = 24
11 x ......5..... = 55	10 x ......6..... = 60
8 x ......9..... = 72	6 x ......9.... = 54
8 x ......3....... = 24	5 x ......8..... = 40
4 x .....4...... = 16	8 x ......4..... = 32
11 x ....1........ = 11	8 x ......6..... = 48
3 x .....10....... = 30	12 x ......10... = 120
12 x ......4...... = 48	10 x ......0..... = 0

24

DATE:..................... | Find the Missing Multipliers

Multiply

1 x ......12.... = 12	8 x ......10..... = 80
7 x ......4...... = 28	11 x ......6..... = 66
9 x ......0..... = 0	6 x ......6..... = 36
11 x ......9..... = 99	11 x ......8..... = 88
9 x ......8..... = 72	6 x ......4..... = 24
4 x ......6..... = 24	5 x ......18..... = 90
2 x ......8..... = 16	8 x ......4.... = 32
3 x .....4..... = 12	8 x ......4..... =32
4 x ......5........ = 20	12 x ......8...... = 96
2 x .....9...... = 18	10 x ......9..... = 90

25

DATE:..................... | Find the Missing Multipliers

Multiply

11 x ......2.... = 22	4 x ......20..... = 80
2 x ......11...... = 22	11 x .....4..... = 44
6 x ......3..... = 18	15 x ......0........ = 0
11 x ......4..... = 44	8 x .....10........ = 80
9 x .....11...... = 99	7 x ......4........ = 28
4 x ......10....... = 40	10 x ......5..... = 50
2 x ......10..... = 20	9 x ......13..... = 117
4 x ....7..... = 28	4 x ....5..... =20
4 x ......5........ = 20	10 x ......22.... = 220
9 x ......2..... = 18	20 x ......5..... = 100

27

DATE:........................ | Division facts

Division

$35 \div 5$ = ...7......	$0 \div 5$ = ...0.....
$15 \div 3$ = ...5........	$10 \div 5$ = ...2.....
$120 \div 5$ = ...24.....	$22 \div 2$ = ...11.....
$25 \div 5$ = ...4........	$30 \div 5$ = ...6.....
$150 \div 10$ = ...15.....	$27 \div 9$ = ...3.....
$99 \div 11$ = ...9.....	$48 \div 6$ = ...8.....
$45 \div 9$ = ...5.....	$36 \div 9$ = ...4.....
$81 \div 9$ = ...9.....	$60 \div 15$ = ...4.....
$100 \div 20$ = ...5.....	$36 \div 6$ = ...6.....
$140 \div 70$ = ...2.....	$88 \div 4$ = ...22.....

28

DATE:...................... | Division facts

Division

15 ÷ 5 = ...3.....	14 ÷ 2 = ...7.....
30 ÷ 3 = ...10....	12 ÷ 3 = ...4.....
45 ÷ 5 = ...9.....	25 ÷ 5 = ...4.....
24 ÷ 2 = ...12....	40 ÷ 5 = ...9.....
50 ÷ 10 = ...5....	32 ÷ 8 = ...4.....
90 ÷ 10 = ...9.....	48 ÷ 3 = ...16....
45 ÷ 5 = ...9.......	30÷ 10 = ...3.....
72 ÷ 9 = ...8.....	60 ÷ 15 = ...4.....
100 ÷ 20 = ...5....	36 ÷ 6 = ...6.....
18 ÷ 6 = ...3.....	88 ÷ 4 = ...22....

29

DATE:...................... | Division facts

Division

24 ÷ 6 = ...4.....	49 ÷ 7 = ...7.....
7 ÷ 1 = ...7.....	36 ÷ 12 = ...3.....
60 ÷ 10 = ...6.....	80 ÷ 10 = ...8.....
18 ÷ 9 = ...2.....	99 ÷ 9 = ...11....
66 ÷ 6 = ...11....	40 ÷ 4 = ...10....
6 ÷ 3 = ...2.....	12 ÷ 6 = ...2.....
48 ÷ 8 = ...6.....	66 ÷ 6 = ...11....
120 ÷ 10 = ...12.....	22 ÷ 11 = ...2.....
0 ÷ 30 = ...0.....	72 ÷ 6 = ...12....
63 ÷ 7 = ...9.....	30 ÷ 5 = ...6.....

30

DATE:...................... | Division facts

Division

24 ÷ 2 = ...12....	21 ÷ 7 = ...3.....
5 ÷ 1 = ...5.....	24 ÷ 12 = ...2.....
50 ÷ 10 = ...5.....	70 ÷ 10 = ...7.....
16 ÷ 4 = ...4.....	90 ÷ 9 = ...10.....
30 ÷ 6 = ...5......	48 ÷ 4 = ...12.....
8 ÷ 2 = ...4.....	12 ÷ 3 = ...4.....
9 ÷ 3 = ...3.....	60 ÷ 6 = ...10.....
20 ÷ 10 = ...2.....	22 ÷ 11 = ...2.....
30 ÷ 2 = ...15.....	72 ÷ 6 = ...12.....
63 ÷ 7 = ...9.....	30 ÷ 5 = ...6.....

31

DATE:...................... | Division facts

Division

140 ÷ 2 = ...70.....	42 ÷ 7 = ...6.....
15 ÷ 3 = ...5.....	84 ÷ 21 = ...4.....
150 ÷ 5 = ...30.....	84 ÷ 4 = ...21.....
160 ÷ 40 = ...40.....	168 ÷ 7 = ...24.....
45 ÷ 9 = ...5.....	66 ÷ 11 = ...6.....
115 ÷ 5 = ...23.....	99 ÷ 9 = ...11.....
80 ÷ 8 = ...10.....	160 ÷ 8 = ...20.....
120 ÷ 10 = ...12.....	72 ÷ 6 = ...36.....
30 ÷ 15 = ...2.....	45 ÷ 15 = ...3.....
96 ÷ 8 = ...12.....	15 ÷ 5 = ...3.....

32

Division

140 ÷ 2 = ...70.....	42 ÷ 7 = ...6.....
15 ÷ 3 = ...5.....	84 ÷ 21 = ...4.....
150 ÷ 5 = ...50.....	84 ÷ 4 = ...21.....
160 ÷ 40 = ...4.....	168 ÷ 7 = ...24.....
45 ÷ 9 = ...5.....	66 ÷ 11 = ...6.....
115 ÷ 5 = ...23.....	99 ÷ 9 = ...11.....
80 ÷ 8 = ...10.....	160 ÷ 8 = ...20.....
120 ÷ 10 = ...12.....	72 ÷ 6 = ...12.....
30 ÷ 15 = ...2.....	45 ÷ 15 = ...3.....
96 ÷ 8 = ...12.....	15 ÷ 5 = ...3.....

33

Division

80 ÷ 4 = ...20.....	18 ÷ 9 = ...2.....
44 ÷ 11 = ...4.....	28 ÷ 4 = ...7.....
0 ÷ 15 = ...0.....	20 ÷ 2 = ...10.....
80 ÷ 8 = ...10.....	99 ÷ 9 = ...11.....
28 ÷ 7 = ...4.....	66 ÷ 6 = ...11.....
50 ÷ 10 = ...5.....	44 ÷ 11 = ...4.....
117 ÷ 4 = ...29.....	18 ÷ 6 = ...3.....
20 ÷ 4 = ...5.....	22 ÷ 2 = ...11.....
220 ÷ 10 = ...22.....	40 ÷ 4 = ...10.....
100 ÷ 20 = ...5.....	50 ÷ 10 = ...5.....

34

Division

80 ÷ 8 = ...10.....	64 ÷ 8 = ...8.....
66 ÷ 11 = ...6.....	27 ÷ 3 = ...9.....
36 ÷ 6 = ...6.....	28 ÷ 4 = ...7.....
88 ÷ 11 = ...8.....	32 ÷ 8 = ...4.....
24 ÷ 6 = ...4.....	24 ÷ 6 = ...4.....
63 ÷ 7 = ...9.....	12 ÷ 3 = ...4.....
54 ÷ 9 = ...6.....	42 ÷ 7 = ...6.....
72 ÷ 8 = ...9.....	35 ÷ 7 = ...5.....
48 ÷ 6 = ...8.....	14 ÷ 2 = ...7.....
81 ÷ 9 = ...9.....	54 ÷ 9 = ...6.....

35

Division

56 ÷ 8 = ...7.....	96 ÷ 12 = ...8.....
120 ÷ 12 = ...10.....	108 ÷ 9 = ...12.....
96 ÷ 8 = ...12.....	144 ÷ 12 = ...12.....
60 ÷ 5 = ...12.....	182 ÷ 14 = ...13.....
77 ÷ 11 = ...7.....	117 ÷ 9 = ...13.....
15 ÷ 3 = ...5.....	120 ÷ 8 = ...15.....
24 ÷ 12 = ...2.....	104 ÷ 8 = ...13.....
140 ÷ 7 = ...20.....	111 ÷ 3 = ...37.....
60 ÷ 6 = ...10.....	45 ÷ 9 = ...5.....
50 ÷ 10 = ...5.....	45 ÷ 5 = ...9.....

36

DATE:........................ | Division facts

Division

7 ÷ 1 = ...7.....	14 ÷ 7 = ...2.....
35 ÷ 5 = ...7.....	21 ÷ 7 = ...3.....
4 ÷ 4 = ...1.....	42 ÷ 7 = ...6.....
16 ÷ 4 = ...4.....	18 ÷ 3 = ...6.....
12 ÷ 3 = ...4.....	35 ÷ 7 = ...5.....
9 ÷ 3 = ...3.....	30 ÷ 6 = ...5.....
5 ÷ 5 = ...1.....	36 ÷ 6 = ...6.....
42 ÷ 6 = ...7.....	5 ÷ 1 = ...5.....
14 ÷ 2 = ...7.....	45 ÷ 9 = ...5.....
21 ÷ 7 = ...3.....	2 ÷ 2 = ...1.....

37

DATE:........................ | Division facts

Division

0 ÷ 7 = ...0.....	14 ÷ 7 = ...2.....
35 ÷ 7 = ...5.....	21 ÷ 3 = ...7.....
4 ÷ 1 = ...4.....	42 ÷ 7 = ...6.....
16 ÷ 2 = ...8.....	18 ÷ 2 = ...9.....
12 ÷ 4 = ...6.....	35 ÷ 5 = ...7.....
9 ÷ 3 = ...3.....	30 ÷ 6 = ...5.....
15 ÷ 5 = ...3.....	36 ÷ 6 = ...6.....
42 ÷ 7 = ...6.....	5 ÷ 1 = ...5.....
16 ÷ 8 = ...2.....	45 ÷ 5 = ...9.....
21 ÷ 7 = ...3.....	2 ÷ 1 = ...2.....

38

DATE:........................ | Division facts

Division

30 ÷ 3 = ...10.....	63 ÷ 7 = ...9.....
6 ÷ 2 = ...3.....	77 ÷ 7 = ...11.....
44 ÷ 4 = ...11.....	20 ÷ 10 = ...2.....
12 ÷ 4 = ...3.....	80 ÷ 8 = ...10.....
32 ÷ 4 = ...32.....	3 ÷ 3 = ...1.....
49 ÷ 7 = ...7.....	48 ÷ 8 = ...6.....
72 ÷ 12 = ...6.....	28 ÷ 7 = ...4.....
108 ÷ 12 = ...9.....	36 ÷ 4 = ...9.....
14 ÷ 2 = ...7.....	9 ÷ 9 = ...1.....
21 ÷ 7 = ...3.....	18 ÷ 2 = ...9.....

DATE:........................ | Find the missing division

Fill in the blanks

12 ÷ ......4..... = 3	88 ÷ ......11..... = 8
30 ÷ ......6..... = 5	15 ÷ ......5..... = 3
24 ÷ ......6..... = 4	44 ÷ ......22..... = 2
45 ÷ ......5..... = 9	225 ÷ ......15..... = 15
37 ÷ ......1..... = 37	144 ÷ ......9..... = 16
48 ÷ ......12..... = 4	48 ÷ ......4..... = 12
90 ÷ ......9..... = 10	112 ÷ ......2..... = 56
120 ÷ ......4..... = 30	72 ÷ ......24..... = 3
124 ÷ ......4..... = 31	99 ÷ ......33..... = 3
50 ÷ ......10..... = 5	64 ÷ ......16..... = 4

41

DATE:........................

Find the missing division

Fill in the blanks

2 ÷ ......2..... = 1	8 ÷ ......8..... = 1
15 ÷ ......3..... = 5	16 ÷ ......2..... = 8
1 ÷ ......1..... = 1	18 ÷ ......2..... = 9
4 ÷ ......2..... = 2	9 ÷ ......9..... = 1
6 ÷ ......2..... = 3	24 ÷ ......2..... = 12
8 ÷ ......2..... = 4	22 ÷ ......2..... = 11
10 ÷ ......2..... = 5	20 ÷ ......2..... = 10
12 ÷ ......2..... = 6	36 ÷ ......3..... = 12
5 ÷ ......1..... = 5	18 ÷ ......3..... = 6
3 ÷ ......3..... = 1	15 ÷ ......3..... = 5

42

DATE:........................

Find the missing division

Fill in the blanks

44 ÷ ......4..... = 11	64 ÷ ......8..... = 8
55 ÷ ......11..... = 5	20 ÷ ......5..... = 4
72 ÷ ......6..... = 12	36 ÷ ......6..... = 6
24 ÷ ......4..... = 6	90 ÷ ......9..... = 10
30 ÷ ......10..... = 3	40 ÷ ......5..... = 8
8 ÷ ......8..... = 1	15 ÷ ......5..... = 3
56 ÷ ......7..... = 8	16 ÷ ......4..... = 4
32 ÷ ......4..... = 8	48 ÷ ......6..... = 8
36 ÷ ......9..... = 9	49 ÷ ......7..... = 7
42 ÷ ......6..... = 7	54 ÷ ......6..... = 9

43

DATE:........................

Find the missing division

Fill in the blanks

54 ÷ ......6..... = 9	120 ÷ ...10..... = 12
56 ÷ ......7..... = 8	60 ÷ ......5..... = 12
77 ÷ ......7..... = 11	36 ÷ ......4..... = 9
24 ÷ ......2..... = 12	30 ÷ ......3..... = 10
30 ÷ ......6..... = 5	40 ÷ ......4..... = 10
72 ÷ ......8..... = 9	15 ÷ ......5..... = 3
16 ÷ ......2..... = 8	24 ÷ ......6..... = 4
48 ÷ ......6..... = 8	72 ÷ ......6..... = 12
54 ÷ ......9..... = 9	28 ÷ ......4..... = 7
96 ÷ ......8..... = 12	72 ÷ ......9..... = 9

44

DATE:........................

Find the missing division

Fill in the blanks

3 ÷ ......3..... = 1	32 ÷ ......4..... = 8
33 ÷ ......3..... = 11	12 ÷ ......4..... = 3
30 ÷ ......3..... = 10	36 ÷ ......4..... = 9
27 ÷ ......3..... = 9	40 ÷ ......4..... = 10
3 ÷ ......1..... = 3	16 ÷ ......4..... = 4
8 ÷ ......4..... = 2	20 ÷ ......4..... = 5
14 ÷ ......2..... = 7	44 ÷ ......4..... = 11
21 ÷ ......3..... = 7	48 ÷ ......4..... = 12
4 ÷ ......4..... = 1	60 ÷ ......5..... = 12
28 ÷ ......4..... = 7	30 ÷ ......5..... = 6

45

Find the missing division

Fill in the blanks

25 ÷ ......5..... = 5	42 ÷ ......6..... = 7
55 ÷ ......5..... = 11	6 ÷ ......6..... = 1
50 ÷ ......5..... = 10	12 ÷ ......6..... = 2
20 ÷ ......5..... = 4	48 ÷ ......6..... = 8
15 ÷ ......5..... = 3	54 ÷ ......6..... = 9
45 ÷ ......5..... = 9	18 ÷ ......6..... = 3
40 ÷ ......5..... = 8	24 ÷ ......6..... = 4
12 ÷ ......6..... = 2	60 ÷ ......6..... = 10
5 ÷ ......5..... = 1	66 ÷ ......6..... = 11
35 ÷ ......5..... = 7	30 ÷ ......6..... = 5

46

DATE:.......................

Find the missing division

Fill in the blanks

36 ÷ ......6..... = 6	63 ÷ ......7..... = 9
72 ÷ ......6..... = 12	56 ÷ ......7..... = 8
84 ÷ ......7..... = 12	14 ÷ ......7..... = 2
42 ÷ ......7..... = 6	21 ÷ ......3..... = 7
35 ÷ ......7..... = 5	28 ÷ ......7..... = 4
77 ÷ ......7..... = 7	80 ÷ ......8..... = 10
70 ÷ ......7..... =10	88 ÷ ......8..... = 11
28 ÷ ......7..... = 4	40 ÷ ......8..... = 5
21 ÷ ......7..... = 3	48 ÷ ......8..... = 6
35 ÷ ......5..... = 7	96 ÷ ......8..... = 12

47

DATE:.......................

Find the missing division

Fill in the blanks

108 ÷ ......9..... = 12	70 ÷ ......10..... = 7
99 ÷ ......9..... = 10	77 ÷ ......11..... = 7
45 ÷ ......9..... = 5	10 ÷ ......10..... = 1
36 ÷ ......9..... = 4	20 ÷ ......10..... = 2
27 ÷ ......9..... = 3	80 ÷ ......10..... = 8
81 ÷ ......9..... = 9	90 ÷ ......10..... = 9
72 ÷ ......9..... = 8	20 ÷ ......10..... = 3
18 ÷ ......9..... = 2	40 ÷ ......10..... = 4
9 ÷ ......9..... = 1	50 ÷ ......10..... = 5
63 ÷ ......9..... = 7	110 ÷ ......10..... = 11

48

DATE:.......................

Find the missing division

Fill in the blanks

100 ÷ ...10..... = 10	72 ÷ ......9..... = 8
70 ÷ ......10..... = 7	45 ÷ ......9..... = 5
110 ÷ ...10..... = 11	72 ÷ ......8..... = 9
50 ÷ ....10..... = 5	64 ÷ ......8..... = 8
80 ÷ ......10..... = 8	21 ÷ ......7..... = 3
30 ÷ ......10..... = 3	16 ÷ ......4..... = 4
120 ÷ ...10..... = 12	56 ÷ ......8..... = 7
81 ÷ ......9..... = 9	48 ÷ ......8..... = 6
56 ÷ ......8..... = 7	63 ÷ ......7..... = 9
63 ÷ ......9.... = 7	56 ÷ ......7..... = 8

DATE:....................... | Find the missing division

Fill in the blanks

132 ÷ ...11..... = 12 | 122 ÷ ......2..... = 61
120 ÷ ...12..... = 10 | 114 ÷ ......6..... = 19
120 ÷ ...10..... = 12 | 69 ÷ ......3..... = 23
110 ÷ ....11..... = 10 | 288 ÷ ......16..... = 18
144 ÷ ....12..... = 12 | 136 ÷ ......8..... = 17
84 ÷ ......12..... = 7 | 51 ÷ ......3..... = 17
96 ÷ ....12..... = 8 | 168 ÷ ......12..... = 14
108 ÷ ...9..... = 12 | 240 ÷ ......16..... = 15
145 ÷ ......5..... = 29 | 140 ÷ ...14..... = 14
174 ÷ ......29..... = 6 | 48 ÷ ......6..... = 8

DATE:....................... | Find the missing division

Fill in the blanks

171 ÷ ......9..... = 19 | 153 ÷ ....17..... = 9
260 ÷ ...26..... = 10 | 102 ÷ ....6..... = 17
98 ÷ ......7..... = 14 | 144 ÷ ....18..... = 8
90 ÷ ......6..... = 15 | 128 ÷ ....16..... = 8
210 ÷ ...14..... = 15 | 64 ÷ ....16..... = 4
224 ÷ ...14..... = 16 | 252 ÷ ....18..... = 14
204 ÷ ....17..... = 12 | 209 ÷ ...11..... = 19
240 ÷ ....15..... = 16 | 104 ÷ ....13..... = 8
54 ÷ ....3..... = 18 | 156 ÷ ....12..... = 13
85 ÷ ......5..... = 17 | 143 ÷ ....13..... = 11

DATE:....................... | Find the missing division

Fill in the blanks

192 ÷ ....12..... = 16 | 60 ÷ ....10..... = 6
126 ÷ ....18..... = 7 | 144 ÷ ...8..... = 18
152 ÷ ....19..... = 8 | 361 ÷ ...19..... = 19
117 ÷ ....9..... = 13 | 187 ÷ ...17..... = 11
64 ÷ ....4..... = 16 | 360 ÷ ...20..... = 18
99 ÷ ......9..... = 11 | 247 ÷ ...19..... = 13
130 ÷ ...13..... = 10 | 221 ÷ ...17..... = 13
221 ÷ ....13..... = 17 | 36 ÷ .....4..... = 9
84 ÷ .....12..... = 7 | 65 ÷ ....5..... = 13
192 ÷ ...16..... = 12 | 288 ÷ ...18..... = 16

DATE:....................... | *Multiplication (2 digits x 1 digits)*

Multiply

15	45	30	17	10
x 2	x 1	x 2	x 3	x 2
30	45	60	51	20

35	26	19	18	11
x 2	x 5	x 2	x 9	x 2
70	130	38	121	22

15	13	11	12	57
x 1	x 0	x 3	x 2	x 2
15	0	33	24	114

44	28	20	65	77
x 2	x 2	x 2	x 9	x 0
88	56	40	585	0

DATE:.......................... **Multiplication (2 digits x 1 digits)**

Multiply

34	93	56	47	10
x 5	x 3	x 7	x 2	x 2
170	279	392	94	20

20	69	66	61	31
x 2	x 9	x 2	x 6	x 3
40	621	132	366	93

98	38	32	21	78
x 7	x 3	x 8	x 7	x 7
686	114	256	147	546

71	66	27	68	60
x 2	x 6	x 9	x 6	x 6
172	396	243	408	360

DATE:.......................... **Multiplication (2 digits x 1 digits)**

Multiply

20	44	90	15	51
x 5	x 9	x 9	x 7	x 6
100	396	810	105	306

89	72	18	29	52
x 3	x 2	x 4	x 5	x 6
267	144	72	145	312

94	67	23	26	58
x 7	x 6	x 7	x 5	x 7
658	402	224	130	406

62	15	77	55	63
x 5	x 3	x 3	x 8	x 8
310	45	231	440	504

DATE:.......................... **Multiplication (2 digits x 1 digits)**

Multiply

63	81	54	18	11
x 2	x 8	x 3	x 9	x 2
126	648	162	162	22

66	81	36	70	31
x 7	x 5	x 8	x 8	x 7
462	405	288	560	217

39	34	67	87	39
x 7	x 4	x 5	x 5	x 4
273	136	335	435	196

60	91	95	23	53
x 3	x 6	x 6	x 7	x 8
180	546	570	161	424

DATE:.......................... **Multiplication (2 digits x 1 digits)**

Multiply

18	12	63	62	35
x 8	x 2	x 4	x 5	x 8
144	24	252	310	280

76	61	24	77	81
x 6	x 2	x 5	x 9	x 3
456	122	120	693	243

37	51	22	47	97
x 9	x 7	x 8	x 9	x 9
333	357	176	423	873

32	88	84	25	34
x 8	x 4	x 6	x 8	x 4
256	352	505	200	136

DATE:.........................

Multiplication
(2 digits x 1 digits)

Multiply

77	88	64	37	84
x 9	x 4	x 2	x 6	x 6
693	352	128	222	504

72	32	34	37	72
x 2	x 8	x 3	x 5	x 6
144	256	102	185	432

39	18	87	43	49
x 3	x 9	x 4	x 9	x 8
117	162	348	387	392

58	96	68	94	67
x 8	x 3	x 9	x 7	x 3
464	288	612	658	392

DATE:.........................

Multiplication
(2 digits x 1 digits)

Multiply

78	95	56	21	52
x 6	x 8	x 9	x 2	x 4
468	760	504	48	208

43	81	42	42	52
x 3	x 5	x 2	x 5	x 3
129	405	84	210	156

71	66	96	64	53
x 4	x 5	x 4	x 3	x 2
284	330	384	192	106

84	95	37	73	35
x 2	x 3	x 4	x 5	x 3
168	285	148	365	105

DATE:.........................

Multiplication
(2 digits x 1 digits)

Multiply

12	25	17	30	23
x 9	x 6	x 2	x 2	x 5
108	150	34	60	115

10	24	11	19	26
x 6	x 2	x 4	x 4	x 3
60	48	44	76	78

24	22	33	27	29
x 4	x 5	x 4	x 7	x 2
96	110	132	189	58

44	37	34	54	53
x 2	x 3	x 4	x 6	x 3
88	111	136	324	159

DATE:.........................

Multiplication
(2 digits x 1 digits)

Multiply

43	26	73	43	67
x 5	x 4	x 3	x 4	x 5
215	104	219	172	335

90	29	45	19	34
x 2	x 5	x 7	x 6	x 8
180	145	105	114	272

64	18	59	47	39
x 4	x 9	x 2	x 6	x 3
256	162	118	282	117

76	45	55	92	48
x 2	x 3	x 3	x 5	x 2
152	135	165	460	96

DATE:.........................

**Multiplication
(2 digits x 1 digits)**

Multiply

91 x 3 273	83 x 5 415	38 x 7 266	74 x 6 444	67 x 5 335
93 x 2 186	28 x 5 140	47 x 2 94	19 x 9 171	78 x 4 312
56 x 9 504	32 x 6 192	58 x 3 174	57 x 4 228	38 x 7 266
67 x 3 201	89 x 1 89	77 x 3 231	93 x 5 465	45 x 3 135

DATE:.........................

**Multiplication
(2 digits x 1 digits)**

Multiply

94 x 2 188	85 x 4 340	39 x 6 234	78 x 4 312	65 x 3 195
41 x 7 287	29 x 5 145	46 x 7 322	85 x 4 340	94 x 3 282
26 x 6 156	39 x 5 195	69 x 3 207	59 x 3 177	51 x 7 357
61 x 3 183	84 x 2 168	71 x 3 213	95 x 3 285	49 x 3 147

DATE:.........................

**Multiplication
(2 digits x 1 digits)**

Multiply

49 x 2 98	58 x 4 232	93 x 6 558	87 x 4 348	56 x 3 168
14 x 7 98	92 x 5 460	64 x 7 448	37 x 4 148	49 x 3 147
62 x 6 372	93 x 5 465	96 x 3 288	95 x 3 285	15 x 7 105
16 x 3 48	48 x 2 96	17 x 3 51	59 x 3 177	94 x 3 282

DATE:.........................

**Multiplication (3 digits X
1 digits)**

Multiply

143 x 2 286	174 x 1 174	321 x 4 1284	279 x 3 837	143 x 2 246
152 x 2 304	190 x 5 950	134 x 2 268	147 x 9 1323	129 x 2 258
105 x 8 840	115 x 0 0	101 x 3 303	109 x 7 763	180 x 2 360
142 x 2 284	183 x 4 732	165 x 6 990	132 x 9 1188	161 x 0 0

67

DATE:........................

Multiplication (3 digits X 1 digits)

Multiply

134	145	350	317	160
x 2	x 1	x 2	x 3	x 2
268	145	700	951	320
325	226	419	168	121
x 2	x 5	x 2	x 9	x 2
650	1130	838	1512	242
915	143	511	412	571
x 1	x 0	x 3	x 2	x 2
915	0	1533	824	1142
744	278	230	625	747
x 2	x 2	x 2	x 9	x 0
1488	556	460	5625	0

68

DATE:........................

Multiplication (3 digits X 1 digits)

Multiply

124	135	340	217	170
x 2	x 1	x 2	x 3	x 2
248	135	680	651	340
125	216	419	128	161
x 2	x 5	x 2	x 9	x 2
250	1080	838	1152	322
115	133	111	112	171
x 1	x 0	x 3	x 2	x 2
115	0	333	224	342
144	178	130	125	147
x 2	x 2	x 2	x 9	x 0
288	356	260	1125	0

69

DATE:........................

Multiplication (3 digits X 1 digits)

Multiply

123	134	341	219	173
x 2	x 1	x 4	x 3	x 2
246	134	1364	657	346
115	116	119	118	151
x 2	x 5	x 2	x 9	x 2
230	580	238	1062	302
155	113	191	102	141
x 8	x 0	x 3	x 7	x 2
1240	0	573	714	242
134	148	100	185	187
x 2	x 4	x 6	x 9	x 0
268	592	600	1665	0

70

DATE:........................

Multiplication (3 digits X 1 digits)

Multiply

173	194	301	299	153
x 2	x 1	x 4	x 3	x 2
346	194	1204	897	306
155	196	139	148	121
x 2	x 5	x 2	x 9	x 2
310	980	278	1332	242
155	113	191	102	181
x 8	x 0	x 3	x 7	x 2
1240	0	573	714	362
144	188	160	135	167
x 2	x 4	x 6	x 9	x 0
288	752	960	1215	0

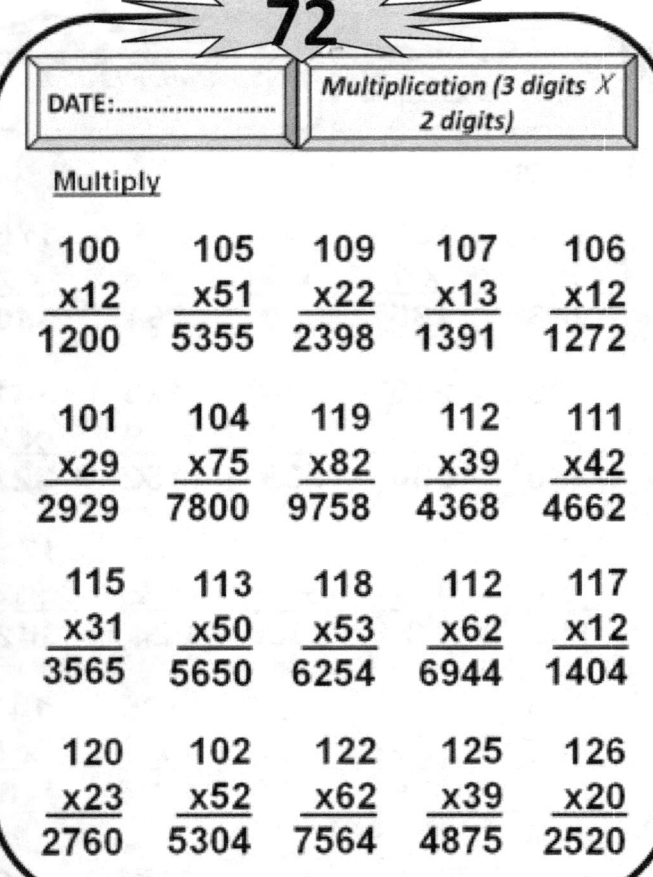

72

DATE:........................

Multiplication (3 digits X 2 digits)

Multiply

100 x12 1200	105 x51 5355	109 x22 2398	107 x13 1391	106 x12 1272
101 x29 2929	104 x75 7800	119 x82 9758	112 x39 4368	111 x42 4662
115 x31 3565	113 x50 5650	118 x53 6254	112 x62 6944	117 x12 1404
120 x23 2760	102 x52 5304	122 x62 7564	125 x39 4875	126 x20 2520

73

DATE:........................

Multiplication (3 digits X 2 digits)

Multiply

130 x11 1430	135 x21 2835	139 x12 1668	137 x13 1781	136 x19 2584
131 x16 2096	134 x16 2144	129 x14 1806	122 x18 2196	131 x17 2227
145 x22 3190	153 x20 4896	158 x23 3635	142 x28 3976	147 x23 3381
130 x23 2990	152 x32 4864	132 x12 1584	155 x19 2945	156 x10 1560

74

DATE:........................

Multiplication (3 digits X 2 digits)

Multiply

130 x12 1560	105 x51 5355	109 x22 2398	107 x33 3531	106 x12 1272
101 x29 2929	104 x75 5200	119 x82 9758	112 x39 4368	111 x42 4662
115 x31 3565	113 x50 5650	118 x53 6254	112 x62 6944	117 x32 3744
120 x23 2760	102 x52 5304	122 x62 7564	125 x39 4875	126 x20 2520

75

DATE:........................

Multiplication (3 digits X 2 digits)

Multiply

104 x12 1248	105 x51 5355	300 x22 6600	307 x13 3991	100 x12 1200
305 x29 8845	206 x35 7210	409 x12 4908	108 x39 4212	101 x42 4242
405 x13 5265	103 x50 5150	401 x23 9223	802 x12 9624	807 x12 9624
704 x23 9152	278 x32 8896	200 x42 8400	605 x16 9680	707 x10 7070

76

DATE:...................... | Multiplication (3 digits X 2 digits)

Multiply

104	105	300	307	100
x10	x50	x20	x13	x11
1040	5250	6000	3991	1100

305	206	409	108	101
x21	x15	x12	x19	x17
6405	3090	4908	2052	1717

405	103	401	802	807
x16	x19	x19	x11	x13
6480	1957	7619	8822	8877

704	278	200	605	707
x14	x15	x22	x13	x14
9856	4170	4400	7865	9898

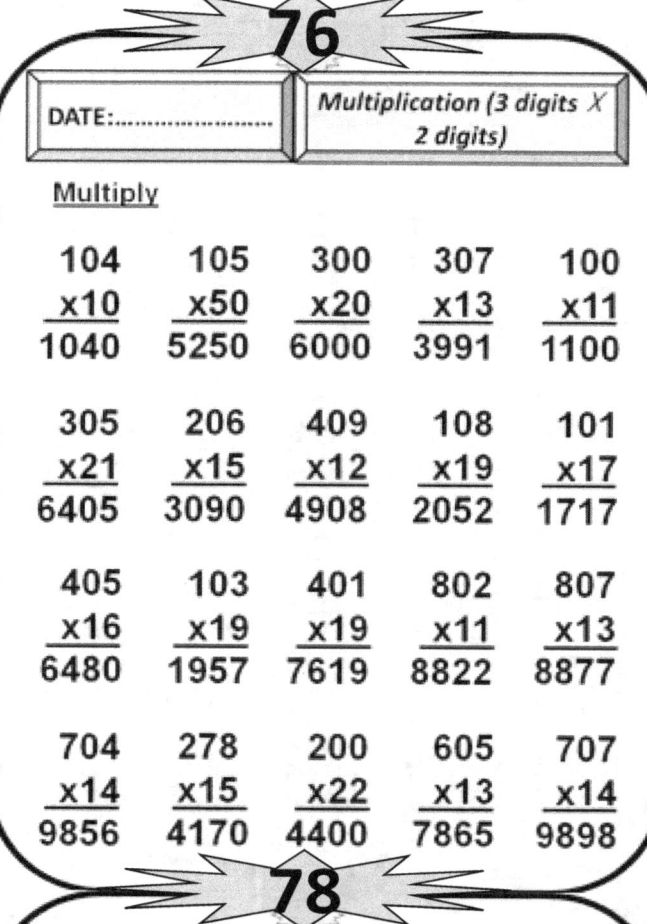

77

DATE:...................... | Multiplication (3 digits X 2 digits)

Multiply

110	111	116	118	115
x10	x50	x20	x13	x11
1100	5550	2320	1534	1265

119	112	114	113	117
x21	x15	x12	x19	x17
2499	1680	1368	2147	1989

120	123	127	122	126
x16	x19	x19	x18	x13
1920	2337	2413	2196	1638

125	128	121	129	124
x14	x15	x22	x23	x24
1750	1920	2662	2967	2976

78

DATE:...................... | Multiplication (3 digits X 2 digits)

Multiply

510	511	516	518	515
x10	x17	x10	x13	x11
5100	8687	5160	6734	5665

519	512	514	513	517
x13	x15	x12	x19	x17
6747	7680	6168	9747	8789

520	523	527	522	526
x16	x19	x18	x18	x13
8320	9937	9486	9396	6838

525	328	321	329	324
x14	x15	x22	x23	x24
7350	4920	7062	7567	7776

79

DATE:...................... | Multiplication (3 digits X 2 digits)

Multiply

210	211	216	218	215
x21	x25	x20	x23	x26
4410	5275	4320	5014	5590

219	212	214	213	217
x28	x27	x29	x22	x24
6132	5724	6206	4686	5208

220	223	227	222	226
x34	x37	x32	x33	x30
7480	8251	7264	7326	6780

225	228	221	229	224
x31	x28	x36	x35	x39
6975	6384	7956	8015	8736

DATE:..........................

Multiplication (3 digits X 2 digits)

Multiply

240	241	246	248	245
x11	x15	x10	x13	x16
2640	3615	2460	3224	3920

259	242	244	243	247
x18	x17	x19	x12	x14
4662	4114	4636	2916	3458

250	243	247	242	246
x31	x32	x31	x13	x10
7750	7776	7657	3146	2460

245	248	241	249	244
x21	x21	x37	x30	x33
5145	5208	8917	7470	8052

DATE:..........................

Multiplication (3 digits X 2 digits)

Multiply

120	121	126	128	125
x21	x25	x20	x23	x26
2520	3025	2520	2944	3250

129	122	124	123	127
x28	x27	x29	x22	x24
3612	3294	3596	2706	3048

130	133	137	132	136
x34	x37	x32	x33	x30
4420	4921	4384	4356	4080

135	138	131	139	134
x31	x38	x36	x35	x39
4185	5244	4716	4865	5226

DATE:..........................

Multiplication (3 digits X 2 digits)

Multiply

320	321	326	328	325
x11	x15	x10	x13	x16
3520	4815	3260	4238	5200

329	322	324	323	327
x18	x17	x19	x12	x14
5922	5474	6156	3876	4578

330	333	337	332	336
x14	x17	x12	x13	x10
4620	5661	4044	4316	3360

335	338	331	339	334
x11	x18	x16	x15	x19
3685	6084	5296	5085	6346

DATE:..........................

Multiplication (3 digits X 2 digits)

Multiply

420	421	426	428	425
x11	x15	x10	x13	x16
4620	6315	4260	5564	6800

429	422	424	423	427
x18	x17	x19	x12	x14
7722	7174	8056	5076	5978

430	433	437	432	436
x14	x17	x12	x13	x10
6020	7361	5244	5616	4360

435	438	431	439	434
x11	x18	x16	x15	x19
4785	7884	6896	6585	8246

84

DATE:...................... | Multiplication (3 digits X 2 digits)

Multiply

120	121	126	128	125
x21	x25	x20	x23	x26
2520	3025	2520	2944	3250

129	122	124	123	127
x28	x27	x29	x22	x24
3612	3294	3596	2706	3048

130	133	137	132	136
x34	x37	x32	x33	x30
4420	4921	4384	4356	4080

135	138	131	139	134
x31	x38	x36	x35	x39
4185	5244	4716	4865	5226

86

DATE:...................... | Division (3digits / 1 digit)

Division

$135 \div 5 = ...27....$ | $430 \div 2 = ...215.....$
$115 \div 1 = ...115.....$ | $110 \div 5 = ...22.....$
$120 \div 5 = ...24.....$ | $222 \div 3 = ...74.....$
$215 \div 5 = ...43.....$ | $300 \div 4 = ...75....$
$150 \div 5 = ...30.....$ | $228 \div 6 = ...38.....$
$198 \div 9 = ...22.....$ | $148 \div 2 = ...74.....$
$145 \div 5 = ...29.....$ | $190 \div 5 = ...38.....$
$182 \div 7 = ...26.....$ | $166 \div 2 = ...83.....$
$100 \div 4 = ...25.....$ | $136 \div 8 = ...17.....$
$140 \div 7 = ...20.....$ | $488 \div 4 = ...122.....$

87

DATE:...................... | Division (3digits / 1 digit)

Division

$366 \div 3 = ...122.....$ | $468 \div 6 = ...78.....$
$405 \div 9 = ...45.....$ | $546 \div 7 = ...78.....$
$208 \div 8 = ...26.....$ | $472 \div 2 = ...236.....$
$216 \div 8 = ...27.....$ | $388 \div 4 = ...97.....$
$468 \div 9 = ...52.....$ | $522 \div 6 = ...87.....$
$224 \div 2 = ...112.....$ | $540 \div 2 = ...270.....$
$168 \div 3 = ...56.....$ | $324 \div 3 = ...108.....$
$140 \div 5 = ...28.....$ | $232 \div 4 = ...58.....$
$344 \div 4 = ...86.....$ | $512 \div 8 = ...64.....$
$207 \div 3 = ...69.....$ | $192 \div 8 = ...24.....$

88

DATE:...................... | Division (3digits / 1 digit)

Division

$267 \div 3 = ...89.....$ | $258 \div 6 = ...43.....$
$414 \div 9 = ...46.....$ | $322 \div 7 = ...46.....$
$600 \div 8 = ...75.....$ | $158 \div 2 = ...79.....$
$208 \div 8 = ...26.....$ | $268 \div 4 = ...67.....$
$387 \div 9 = ...43.....$ | $222 \div 6 = ...37.....$
$156 \div 2 = ...78.....$ | $196 \div 2 = ...98.....$
$237 \div 3 = ...79.....$ | $261 \div 3 = ...87.....$
$395 \div 5 = ...79.....$ | $148 \div 4 = ...37.....$
$272 \div 4 = ...68.....$ | $368 \div 8 = ...46.....$
$102 \div 3 = ...34.....$ | $128 \div 8 = ...16.....$

DATE:........................ | Division (3digits / 1 digit)

Division

204 ÷ 3 = ...68.....	234 ÷ 6 = ...39.....
315 ÷ 9 = ...35.....	266 ÷ 7 = ...38.....
368 ÷ 8 = ...46.....	112 ÷ 2 = ...56.....
152 ÷ 8 = ...19.....	368 ÷ 4 = ...92.....
306 ÷ 9 = ...34.....	438 ÷ 6 = ...73.....
188 ÷ 2 = ...94.....	194 ÷ 2 = ...97.....
294 ÷ 3 = ...98.....	261 ÷ 3 = ...87.....
480 ÷ 5 = ...96.....	260 ÷ 4 = ...65.....
246 ÷ 6 = ...41.....	392 ÷ 8 = ...49.....
189 ÷ 3 = ...63.....	568 ÷ 8 = ...71.....

DATE:........................ | Division (3digits / 1 digit)

Division

261 ÷ 3 = ...87.....	432 ÷ 6 = ...72.....
171 ÷ 9 = ...19.....	406 ÷ 7 = ...58.....
144 ÷ 8 = ...18.....	188 ÷ 2 = ...94.....
224 ÷ 8 = ...28.....	164 ÷ 4 = ...41.....
261 ÷ 9 = ...29.....	438 ÷ 6 = ...73.....
146 ÷ 2 = ...73.....	174 ÷ 2 = ...87.....
294 ÷ 3 = ...98.....	183 ÷ 3 = ...61.....
345 ÷ 5 = ...69.....	248 ÷ 4 = ...62.....
272 ÷ 4 = ...68.....	216 ÷ 8 = ...27.....
162 ÷ 3 = ...54.....	104 ÷ 8 = ...13.....

DATE:........................ | Division (3digits / 1 digit)

Division

141 ÷ 3 = ...47.....	222 ÷ 6 = ...37.....
378 ÷ 9 = ...42.....	315 ÷ 7 = ...45.....
272 ÷ 8 = ...34.....	186 ÷ 2 = ...93.....
584 ÷ 8 = ...73.....	252 ÷ 4 = ...62.....
369 ÷ 9 = ...41.....	444 ÷ 6 = ...74.....
184 ÷ 2 = ...92.....	106 ÷ 2 = ...53.....
168 ÷ 3 = ...56.....	126 ÷ 3 = ...42.....
210 ÷ 5 = ...42.....	244 ÷ 4 = ...61.....
152 ÷ 4 = ...38.....	248 ÷ 8 = ...31.....
288 ÷ 3 = ...96.....	336 ÷ 8 = ...42.....

DATE:........................ | Division (3digits / 1 digit)

Division

273 ÷ 3 = ...91.....	192 ÷ 6 = ...32.....
189 ÷ 9 = ...22.....	574 ÷ 7 = ...82.....
210 ÷ 5 = ...42.....	124 ÷ 2 = ...62.....
376 ÷ 8 = ...47.....	212 ÷ 4 = ...53.....
225 ÷ 9 = ...25.....	216 ÷ 6 = ...36.....
166 ÷ 2 = ...83.....	170 ÷ 2 = ...85.....
255 ÷ 3 = ...85.....	138 ÷ 3 = ...46.....
170 ÷ 5 = ...34.....	296 ÷ 4 = ...74.....
248 ÷ 4 = ...62.....	576 ÷ 8 = ...72.....
144 ÷ 3 = ...48.....	592 ÷ 8 = ...74.....

92

DATE:.......................

Division (3digits / 1 digit)

Division

291 ÷ 3 = ...97.....	456 ÷ 6 = ...76.....
414 ÷ 9 = ...46.....	217 ÷ 7 = ...31.....
230 ÷ 5 = ...46.....	190 ÷ 2 = ...95.....
584 ÷ 8 = ...73.....	376 ÷ 4 = ...94.....
468 ÷ 9 = ...52.....	456 ÷ 6 = ...76.....
186 ÷ 2 = ...92.....	158 ÷ 2 = ...79.....
246 ÷ 3 = ...82.....	249 ÷ 3 = ...83.....
415 ÷ 5 = ...83.....	152 ÷ 4 = ...38.....
148 ÷ 4 = ...37.....	312 ÷ 8 = ...39.....
147 ÷ 3 = ...49.....	344 ÷ 8 = ...43.....

94

DATE:.......................

Division (3digits / 1 digit)

Division

117 ÷ 3 = ...39.....	198 ÷ 6 = ...33.....
288 ÷ 9 = ...32.....	385 ÷ 7 = ...55.....
480 ÷ 5 = ...96.....	176 ÷ 2 = ...88.....
464 ÷ 8 = ...58.....	264 ÷ 4 = ...66.....
801 ÷ 9 = ...89.....	462 ÷ 6 = ...77.....
198 ÷ 2 = ...99.....	134 ÷ 2 = ...67.....
264 ÷ 3 = ...88.....	204 ÷ 3 = ...68.....
385 ÷ 5 = ...77.....	284 ÷ 4 = ...71.....
352 ÷ 4 = ...88.....	264 ÷ 8 = ...33.....
132 ÷ 3 = ...44.....	352 ÷ 8 = ...44.....

95

DATE:.......................

Division (3digits / 1 digit)

Division

141 ÷ 3 = ...47.....	258 ÷ 6 = ...43.....
891 ÷ 9 = ...99.....	392 ÷ 7 = ...56.....
330 ÷ 5 = ...66.....	138 ÷ 2 = ...69.....
256 ÷ 8 = ...32.....	248 ÷ 4 = ...62.....
387 ÷ 9 = ...43.....	438 ÷ 6 = ...73.....
126 ÷ 2 = ...63.....	182 ÷ 2 = ...91.....
192 ÷ 3 = ...64.....	192 ÷ 3 = ...64.....
456 ÷ 6 = ...76.....	248 ÷ 4 = ...62.....
212 ÷ 4 = ...53.....	392 ÷ 8 = ...49.....
195 ÷ 3 = ...65.....	744 ÷ 8 = ...93.....

96

DATE:.......................

Division (3digits / 1 digit)

Division

186 ÷ 3 = ...62.....	108 ÷ 6 = ...18.....
207 ÷ 9 = ...23.....	126 ÷ 7 = ...18.....
105 ÷ 5 = ...21.....	168 ÷ 2 = ...84.....
104 ÷ 8 = ...13.....	288 ÷ 4 = ...72.....
135 ÷ 9 = ...15.....	252 ÷ 6 = ...42.....
188 ÷ 2 = ...94.....	146 ÷ 2 = ...73.....
141 ÷ 3 = ...47.....	183 ÷ 3 = ...61.....
145 ÷ 5 = ...29.....	148 ÷ 4 = ...37.....
112 ÷ 4 = ...28.....	128 ÷ 8 = ...16.....
102 ÷ 3 = ...34.....	136 ÷ 8 = ...17.....

DATE:.........................

Division (4digits / 2 digit)

Division

1235 ÷ 19 =...65.....	4323 ÷ 33 = ...131...
2115 ÷ 15 = ...141...	1100 ÷ 20 = ...55....
3420 ÷ 45 = ...76...	2222 ÷ 22 = ...101...
4215 ÷ 15 = ...281...	3100 ÷ 50 = ...62....
1520 ÷ 19 = ...80.....	1220 ÷ 61 = ...20....
6298 ÷ 94 = ...67.....	1340 ÷ 20 = ...67....
1445 ÷ 17 = ...85.....	1890 ÷ 27 = ...70....
1824 ÷ 19 = ...96.....	1666 ÷ 17 = ...98.....
1000 ÷ 10 = ...100...	1335 ÷ 15 = ...89.....
1400 ÷ 14 = ...100...	4488 ÷ 17 = ...264...

DATE:.........................

Division (4digits / 2 digit)

Division

1334 ÷ 29 =...46.....	1568 ÷ 32 = ...49.....
1140 ÷ 15 = ...76.....	1580 ÷ 20 = ...79.....
1008 ÷ 42 = ...24.....	1408 ÷ 22 = ...64.....
1190 ÷ 35 = ...34.....	1450 ÷ 50 = ...29.....
1520 ÷ 40 = ...38.....	1242 ÷ 27 = ...46.....
1296 ÷ 24 = ...54.....	1058 ÷ 23 = ...46.....
1088 ÷ 17 = ...64.....	1156 ÷ 34 = ...34....
1273 ÷ 19 = ...67.....	1288 ÷ 28 = ...46.....
1067 ÷ 11 = ...97.....	1026 ÷ 18 = ...57.....
1330 ÷ 14 = ...95.....	1150 ÷ 25 = ...46.....

DATE:.........................

Division (4digits / 2 digit)

Division

1363 ÷ 29 =...47.....	1376 ÷ 32 = ...43.....
1095 ÷ 15 = ...73.....	1500 ÷ 20 = ...75.....
1512 ÷ 42 = ...36.....	1012 ÷ 22 = ...46.....
1610 ÷ 35 = ...46.....	1100 ÷ 50 = ...22.....
1677 ÷ 39 = ...43.....	1863 ÷ 27 = ...69.....
1728 ÷ 24 = ...72....	1104 ÷ 23 = ...48.....
1003 ÷ 17 = ...59.....	1564 ÷ 34 = ...46....
1083 ÷ 19 = ...57.....	1232 ÷ 28 = ...44.....
1034 ÷ 11 = ...94....	1368 ÷ 18 = ...76.....
1204 ÷ 14 = ...85.....	1075 ÷ 25 = ...43.....

DATE:.........................

Division (4digits / 2 digit)

Division

2349 ÷ 29 =...81.....	1536 ÷ 32 = ...48.....
1020 ÷ 15 = ...68.....	1180 ÷ 20 = ...59.....
2898 ÷ 42 = ...69.....	1034 ÷ 22 = ...47.....
1610 ÷ 35 = ...46.....	1150 ÷ 50 = ...23.....
1794 ÷ 39 = ...46.....	1242 ÷ 27 = ...46.....
1728 ÷ 24 = ...72.....	1564 ÷ 23 = ...68....
1666 ÷ 17 = ...98.....	1564 ÷ 34 = ...46....
1444 ÷ 19 = ...76.....	1372 ÷ 28 = ...49.....
1045 ÷ 11 = ...95.....	1404 ÷ 18 = ...78.....
1022 ÷ 14 = ...73.....	1225 ÷ 25 = ...49.....

1

1 x 1 = 1
2 x 1 = 2
3 x 1 = 3
4 x 1 = 4
5 x 1 = 5
6 x 1 = 6
7 x 1 = 7
8 x 1 = 8
9 x 1 = 9
10 x 1 = 10
11 x 1 = 11
12 x 1 = 12

2

1 x 2 = 2
2 x 2 = 4
3 x 2 = 6
4 x 2 = 8
5 x 2 = 10
6 x 2 = 12
7 x 2 = 14
8 x 2 = 16
9 x 2 = 18
10 x 2 = 20
11 x 2 = 22
12 x 2 = 24

3

1 x 3 = 3
2 x 3 = 6
3 x 3 = 9
4 x 3 = 12
5 x 3 = 15
6 x 3 = 18
7 x 3 = 21
8 x 3 = 24
9 x 3 = 27
10 x 3 = 20
11 x 3 = 33
12 x 3 = 36

4

1 x 4 = 4
2 x 4 = 8
3 x 4 = 12
4 x 4 = 16
5 x 4 = 20
6 x 4 = 24
7 x 4 = 28
8 x 4 = 32
9 x 4 = 36
10 x 4 = 40
11 x 4 = 44
12 x 4 = 48

5

1 x 5 = 5
2 x 5 = 10
3 x 5 = 15
4 x 5 = 20
5 x 5 = 25
6 x 5 = 30
7 x 5 = 35
8 x 5 = 40
9 x 5 = 45
10 x 5 = 50
11 x 5 = 55
12 x 5 = 60

6

1 x 6 = 6
2 x 6 = 12
3 x 6 = 18
4 x 6 = 24
5 x 6 = 30
6 x 6 = 36
7 x 6 = 42
8 x 6 = 48
9 x 6 = 54
10 x 6 = 60
11 x 6 = 66
12 x 6 = 72

7

1 x 7 = 7
2 x 7 = 14
3 x 7 = 21
4 x 7 = 28
5 x 7 = 35
6 x 7 = 42
7 x 7 = 49
8 x 7 = 56
9 x 7 = 63
10 x 7 = 70
11 x 7 = 77
12 x 7 = 84

8

1 x 8 = 8
2 x 8 = 16
3 x 8 = 24
4 x 8 = 32
5 x 8 = 40
6 x 8 = 48
7 x 8 = 56
8 x 8 = 64
9 x 8 = 72
10 x 8 = 80
11 x 8 = 88
12 x 8 = 96

9

1 x 9 = 9
2 x 9 = 18
3 x 9 = 27
4 x 9 = 36
5 x 9 = 45
6 x 9 = 54
7 x 9 = 63
8 x 9 = 72
9 x 9 = 81
10 x 9 = 90
11 x 9 = 99
12 x 9 = 108

10

1 x 10 = 10
2 x 10 = 20
3 x 10 = 30
4 x 10 = 40
5 x 10 = 50
6 x 10 = 60
7 x 10 = 70
8 x 10 = 80
9 x 10 = 90
10 x 10 = 100
11 x 10 = 110
12 x 10 = 120

11

1 x 11 = 11
2 x 11 = 22
3 x 11 = 33
4 x 11 = 44
5 x 11 = 55
6 x 11 = 66
7 x 11 = 77
8 x 11 = 88
9 x 11 = 99
10 x 11 = 110
11 x 11 = 121
12 x 11 = 132

12

1 x 12 = 12
2 x 12 = 24
3 x 12 = 36
4 x 12 = 48
5 x 12 = 60
6 x 12 = 72
7 x 12 = 84
8 x 12 = 96
9 x 12 = 108
10 x 12 = 120
11 x 12 = 132
12 x 12 = 144